| 厚生労働省認定教材 | |
| --- | --- |
| 認定番号 | 第58785号 |
| 認定年月日 | 昭和63年12月20日 |
| 改定承認年月日 | 平成31年2月1日 |
| 訓練の種類 | 普通職業訓練 |
| 訓練課程名 | 普通課程 |

厚生労働省認定教材

Numerical Control

# NC工作機械［1］
## NC旋盤

独立行政法人 高齢・障害・求職者雇用支援機構
職業能力開発総合大学校 基盤整備センター 編

# は　し　が　き

　本書は職業能力開発促進法に定める普通職業訓練に関する基準に準拠し，機械系の系基礎学科「NC加工概論」等の教科書として編集したものです。

　作成にあたっては，内容の記述をできるだけ平易にし，専門知識を系統的に学習できるように構成してあります。

　本書は職業能力開発施設での教材としての活用や，さらに広くNC加工分野の知識・技能の習得を志す人々にも活用していただければ幸いです。

　なお，本書は次の方々のご協力により改定したもので，その労に対し深く謝意を表します。

　　　〈監　修　委　員〉
　　　岡　部　眞　幸　　職業能力開発総合大学校
　　　笹　原　康　介　　職業能力開発総合大学校
　　　二　宮　敬　一　　職業能力開発総合大学校

　　　〈改 定 執 筆 委 員〉
　　　大　口　敏　章　　オークマ株式会社
　　　岡　村　　　智　　埼玉県立中央高等技術専門校

　　　　　　　　　（委員名は五十音順，所属は執筆当時のものです）

平成31年2月

　　　　　　　　　　　　　　独立行政法人　高齢・障害・求職者雇用支援機構
　　　　　　　　　　　　　　職業能力開発総合大学校　基盤整備センター

# 目　　次

## 第1章　NC 旋盤の概要

第1節　NC 旋盤の特徴，用途，種類 ………………………………………………… 8

 1．1　NC 旋盤とは ……………………………………… 8

 1．2　NC 旋盤の特徴・用途 ……………………………… 8

 1．3　NC 旋盤の種類 ……………………………………… 9

 1．4　特殊な NC 旋盤 …………………………………… 14

第2節　NC 旋盤の基本構成 ………………………………………………………… 17

 2．1　機 械 本 体 ……………………………………… 18

 2．2　主 軸 台 ……………………………………… 18

 2．3　主 電 動 機 ……………………………………… 19

 2．4　チャック装置 ……………………………………… 19

 2．5　往 復 台 ……………………………………… 19

 2．6　刃 物 台 ……………………………………… 19

 2．7　心 押 台 ……………………………………… 20

 2．8　送り駆動機構 ……………………………………… 21

 2．9　摺動面潤滑装置 …………………………………… 21

 2．10　NC 装置と主操作盤 ……………………………… 21

第3節　NC 旋盤のツーリング・取付工具 ………………………………………… 23

 3．1　ツーリングシステム ……………………………… 23

 3．2　工 具 類 ……………………………………… 24

 3．3　チップ・ホルダ …………………………………… 25

第4節　NC 旋盤の周辺機器・装置 ………………………………………………… 28

 4．1　セッティングゲージ ……………………………… 28

 4．2　ワーク自動計測装置 ……………………………… 29

—3—

| | | |
|---|---|---|
| 4.3 | チップコンベヤ | 29 |
| 4.4 | バーフィーダ | 30 |
| 4.5 | オートローダ | 30 |
| 4.6 | ロボット | 31 |
| 4.7 | 自動爪交換装置（AJC） | 32 |
| 4.8 | 自動工具交換装置（ATC） | 33 |
| 4.9 | 自動電源遮断装置 | 33 |
| 4.10 | プログラマブルテールストック | 33 |

第1章のまとめ ……… 34

# 第2章　プログラミングの基礎

**第1節　NC旋盤の基本的動作とプログラム** …… 36

| | | |
|---|---|---|
| 1.1 | NC旋盤の基本的動作 | 36 |
| 1.2 | プログラミングとは | 37 |

**第2節　プログラミングのための基礎知識** …… 38

| | | |
|---|---|---|
| 2.1 | プログラムフォーマットの構成 | 38 |
| 2.2 | アドレスの種類と意味 | 40 |
| 2.3 | 座標系とプログラム原点 | 40 |
| 2.4 | アブソリュート指令とインクレメンタル指令 | 44 |

**第3節　各種機能** …… 46

| | | |
|---|---|---|
| 3.1 | プログラム番号（$\bar{\text{O}}$） | 46 |
| 3.2 | シーケンス番号（N） | 47 |
| 3.3 | 準備機能（G機能） | 47 |
| 3.4 | 主軸機能（S機能） | 49 |
| 3.5 | 送り機能（F機能） | 50 |
| 3.6 | 補助機能（M機能） | 53 |
| 3.7 | 工具機能（T機能） | 54 |

第4節　基本動作のプログラム …………………………………………………… 56

    4．1　位置決め（G00）による早送り ……………………………………… 56

    4．2　直線補間（G01）による直線切削 …………………………………… 57

    4．3　円弧補間（G02，GC3）による円弧切削 …………………………… 58

    4．4　ねじ切り（G32）によるねじ切削 …………………………………… 59

    4．5　原点復帰（G28）による自動原点復帰 ……………………………… 60

    4．6　ドウェル（G04）による送り一時停止 ……………………………… 62

第2章のまとめ ……………………………………………………………………… 63


# 第3章　その他の便利な機能とプログラミング手法

第1節　便利な機能 …………………………………………………………………… 72

    1．1　刃先R補正機能（G40，G41，G42） ……………………………… 72

    1．2　単一形固定サイクル（G90，G92，G94）………………………… 79

    1．3　複合形固定サイクル（G70，G71，G72，G73，G74，G75，G76）………… 87

第2節　便利なプログラミング手法 ……………………………………………… 97

    2．1　メインプログラムとサブプログラム ……………………………… 97

    2．2　応　用　例 …………………………………………………………… 100

第3章のまとめ …………………………………………………………………… 112


# 第4章　NC旋盤加工実習

第1節　NC旋盤の安全作業 ……………………………………………………… 118

第2節　プログラムの作成（機外での作業）…………………………………… 120

    2．1　部　品　図 …………………………………………………………… 120

    2．2　加工工程の決定 ……………………………………………………… 121

    2．3　ツールレイアウトの作成 …………………………………………… 123

2.4　チャッキング図の作成 ……………………………………………… 124

2.5　プロセスシートの作成 ……………………………………………… 124

第3節　NC旋盤操作（機上での作業）…………………………………… 136

2　3.1　操作盤の各部の名称と機能 ……………………………………… 136

3.2　プログラム入力，編集 …………………………………………… 140

3.3　ツールセッティング ……………………………………………… 142

3.4　ワークセッティング，生爪成形 ………………………………… 144

3.5　工具座標系設定 …………………………………………………… 146

3.6　プログラムチェック ……………………………………………… 149

3.7　テスト加工 ………………………………………………………… 150

3.8　自 動 運 転 ………………………………………………………… 152

第4章のまとめ …………………………………………………………… 155

第1章〜第4章のまとめ・応用例の解答 ……………………………… 156

規格等一覧 ………………………………………………………………… 163

索　　引 …………………………………………………………………… 164

# 第1章
# NC旋盤の概要

NC旋盤〔Numerically Controlled Lathe〕は，汎用旋盤が切削加工のすべてを手動で行っているのに対し，数値制御（NC）装置に加工プログラムを入力して，工作物を自動的に加工する旋盤のことで，現在の生産ニーズである多種少量生産に適している。また，市場の需要による変種変量生産にも対応した自動工作機械である。

この章ではNC旋盤の特徴，用途，種類，及び基本構成について述べるとともに，加工に必要な工具及び，NC旋盤の周辺機器装置についても学ぶ。

# 第1節　NC旋盤の特徴，用途，種類

## 1.1　NC旋盤とは

　NC旋盤とは，工作物と工具の相対運動を位置，速度などの数値情報によって制御し，加工にかかわる一連の動作をプログラムで指令することにより，旋盤の様々な構成ユニットがそれぞれの働きをして，丸物形状の部品を加工できる工作機械である。図1-1に一般的なNC旋盤を示す。

図1-1　NC旋盤
出所：オークマ（株）

## 1.2　NC旋盤の特徴・用途

　NC旋盤の大きな特徴は，次のとおりである。
① 　同一のプログラムを使用することで，加工精度の高い，均一な部品を繰り返し製作でき，不良品も減少する。
② 　加工プログラムの交換で，多種類の工作物を加工でき，計画性のある柔軟な生産が可能である。
③ 　一人で複数台のNC工作機械を担当しても稼働率が落ちず，生産性が向上する。
　NC旋盤は，工作物の形状により，加工方法に合わせた工具（ツール）を使用して加工を行う。旋盤の加工方法は，次のとおりである。
① 　外径加工：外径用工具（バイト）を使用して，工作物の外径及び端面の加工を行う。
② 　内径加工（中ぐり）：内径用工具（ボーリングバー）を使用して，内径や内径端面の加工を行う。

③ ドリル加工：内径加工の一種で，工具にドリルを使用して穴加工を行う。加工径はドリルの直径になる。
④ ねじ切り加工：主軸1回転に対する工具の送りをねじのピッチに合わせる加工で，ねじ切り工具を使用する。
⑤ 溝入れ加工（突切り加工）：溝入れ工具（突切り工具）を使用して，外径，内径，端面に溝入れ加工を行う。

実際の加工では，加工プログラムの中にこれらの加工工程を組み合わせて，工作物の形状を削り出す。

加工プログラムは，各加工時の主軸回転速度や送り速度，切込み量，切削油剤の供給，切削工具の割出しなどの指令に基づいて，工作物の形状に合わせて一連の動作を行う。

## 1.3　NC旋盤の種類

NC旋盤は用途，構造によって様々な種類があり，図1－2に示すような特徴がある。

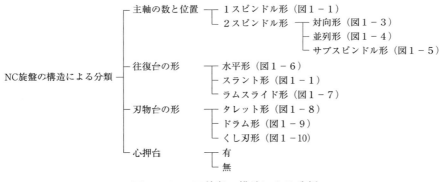

図1－2　NC旋盤の構造による分類

### (1) 主軸の数と位置による分類

#### a　1スピンドル形

1スピンドル形NC旋盤は，一般的なNC旋盤形式で主軸台（主軸）は一つ装備され，工具を取り付けるための刃物台が，一つあるいは複数装備されている。1スピンドル形NC旋盤においては，図1－1を参照のこと。

#### b　2スピンドル形

主軸台（主軸）を二つ装備している2スピンドル形NC旋盤は，構造上，対向形，並列形，サブスピンドル形の三つに分けられる。

第1章　NC旋盤の概要

（a）対　向　形

　対向形の2スピンドルNC旋盤は，右側のスピンドルが左側のスピンドルまで移動し，第1工程の加工を終了した工作物の受け渡しを行う。その後，右側スピンドルが所定の位置に移動し，工作物の第2工程を加工する。図1－3に2スピンドルNC旋盤の対向形を示す。

図1－3　2スピンドルのNC旋盤（対向形）
出所：オークマ（株）

（b）並　列　形

　並列形の2スピンドルNC旋盤は，機械に組み込まれた着脱装置などにより，二つのスピンドルのチャックに工作物の反転着脱を行い，第1・第2工程を連続的に加工する。図1－4に2スピンドルNC旋盤の並列形を示す。

図1－4　2スピンドルのNC旋盤（並列形）
出所：オークマ（株）

（c）サブスピンドル形

　サブスピンドル形の2スピンドルNC旋盤は，第1スピンドルで加工した工作物を，刃物台に装備された第2スピンドルでつかみかえて，固定された刃物により第2工程を加工する。図1－5に2スピンドルNC旋盤のサブスピンドル形を示す。

図1－5　2スピンドルのNC旋盤（サブスピンドル形）
出所：（株）滝澤鉄工所

## （2）往復台の形状による分類

### a　水　平　形

　水平形NC旋盤は，ベッドが水平になっており，往復台は水平に移動する。一般に4角又は6角のタレット形刃物台が用いられ，心押台を使用して長い軸物を加工する。図1－6に水平形NC旋盤（4角刃物台）を示す。

図1－6　水平形の往復台
出所：オークマ（株）

### b　スラント形

スラント形NC旋盤は，往復台が傾斜（35～60°）しており，作業者の対向位置に刃物台があり，工具の刃先を下向きに取り付け工作物を切削することから，切りくずの排出性がよい。

一般には，工具の取付本数を多く取り付けられるドラム形，あるいはタレット形刃物台が利用される。タレット形刃物台が装備されたスラント形のNC旋盤においては，図1－1を参照のこと。

### c　ラムスライド形

ラムスライド形NC旋盤は，刃物台が垂直で，前後に移動する構造になっており，心押台用摺動面がないため，大きな作業空間を確保できる。工具の干渉が少なく，切りくずの排出性がよいなどの特徴があるが，心押台がないため，心押作業はできない。刃物台は，スラント形と同じようにドラム形の刃物台が利用される。ここでいうラムとはタレットを支持し，タレットキャリジ上を移動する台のことをいう。図1－7にラムスライド形のNC旋盤を示す。

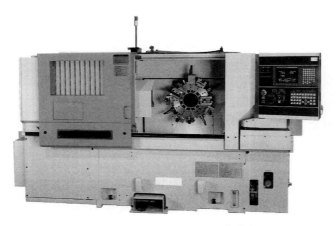

図1－7　ラムスライド形の往復台

## （3）刃物台の形による分類

### a　タレット形

NC旋盤では，一般に10角形から12角形の刃物台に工具を放射状に取り付け，旋回割出しを行う刃物台が多く採用されている。ただし，工具の取付本数が多くなればなるほど，隣接する工具を取り付ける際に干渉を考える必要がある。図1－8にタレット形刃物台を示す。

第1節　NC旋盤の特徴，用途，種類

図1－8　タレット形刃物台

**b　ドラム形**

　ドラム形は，タレット形が工具を放射状に取り付け，旋回割出しを行うのに対して，2個以上の工具を旋回軸のまわりに平行に取り付けて，旋回割出しを行う刃物台をいう。図1－9にドラム形刃物台を示す。

図1－9　ドラム形刃物台

**c　くし刃形**

　くし刃形刃物台は，小形NC旋盤に多く採用されており，小物部品に適している。刃物台が旋回しないことから，割出し時間がかからず，刃物のストロークを短くできるという特徴がある。図1－10にくし刃形刃物台を示す。

図1－10　くし刃形刃物台
出所：(株)ツガミ

― 13 ―

### （4）心押台の有無による分類

心押台は，一般的には工作物の自由端を支える役目をするが，加工する工作物があらかじめ心押台を必要としない場合には，装備されていないことがある。図1－11に刃物台と心押台の関係を示す。

（a）1 刃物台

（b）1 刃物台と心押台

（c）2 刃物台

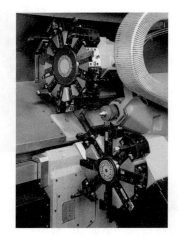

（d）2 刃物台と心押台

図1－11　刃物台と心押台

## 1.4　特殊な NC 旋盤

### （1）NC 立て旋盤

NC 立て旋盤は，工作物を水平面内で回転するテーブル上に取り付け，刃物台をコラム又はクロスレールに沿って送って切削する旋盤である。質量が重い工作物を片持ちで支持できない場合などに採用されることが多く，小形の NC 立て旋盤は横形に比べ，省スペースで設置できるという特徴がある。図1－12に NC 立て旋盤を示す。

第1節　NC旋盤の特徴，用途，種類

図1-12　NC立て旋盤
出所：オークマ（株）

### （2）ターニングセンタ

ターニングセンタは，NC旋盤の基本機能をもち，さらに工具の自動交換機能（タレット形を含む）を備え，工作物の取り替えなしに，旋削加工のほか多種類の加工を行う数値制御工作機械である。主軸に割出し機構をもち，刃物台に回転工具（例：エンドミル）を取り付けできる。

図1-13にターニングセンタの外観を，図1-14に刃物台に装着された回転工具を示す。図1-15にターニングセンタで加工された加工部品を，図1-16にターニングセンタの加工例を示す。

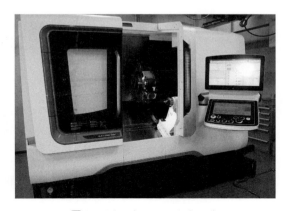

図1-13　ターニングセンタ

図1-14　刃物台の回転工具
出所：オークマ（株）

第1章　NC旋盤の概要

図1－15　ターニングセンタによる加工部品

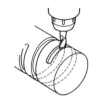

（a）Z－C軸同時加工

（b）X－C軸同時加工

（c）C軸送り加工

（d）C軸割出しZ軸送り加工

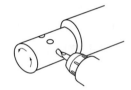

（e）C軸割出しX軸送り加工

図1－16　ターニングセンタの加工例

## 第2節　NC旋盤の基本構成

　NC旋盤の主要構造部は，機械本体（脚・ベッド）に取り付けられた主軸台，往復台，刃物台，心押台，送り駆動機構，油圧ユニット，NC装置，カバーなどに分類できる。
　前節のように，NC旋盤には用途，構造によって，様々な種類がある。ここでは図1－17のような代表的なNC旋盤を例にとり，図1－18に示した基本構成を説明する。

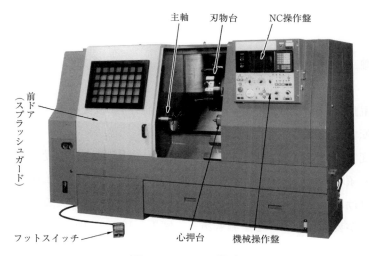

図1－17　NC旋盤

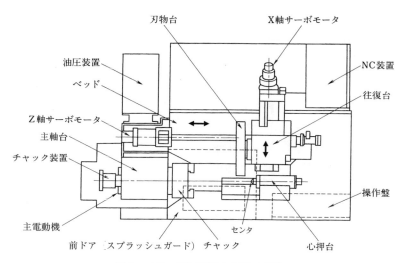

図1－18　NC旋盤の各部の名称

## 2.1 機械本体

機械本体は脚・ベッドからなり，その上部に位置する構成部品を支持する基礎部分である。

脚はベッドを支える構造体であり，機械各部の質量や切削抵抗などの力を受けられるように剛性が要求される。剛性を保ち，かつ軽量化を図るために，構造体の中にはリブを設け補強を行っている。

ベッドは案内面（摺動面ともいう）を備え，精度と耐久性を維持している。NC旋盤の傾向として，ベッドに傾斜を付けて切りくずの処理を考慮したスラントベッドが多く採用されている。

## 2.2 主軸台

主軸台は，主電動機の回転がプーリを介して，主軸台内部の変速機に伝えられ，主軸が所定の回転速度で回転する。

工作物を高精度・高速で回転させる主軸は，切削力に耐えられる軸受で支持されている。主軸は，棒材作業の領域確保のため中空構造になっており，主軸端は，工作物を把握するためのチャックを取り付けることが可能な形状になっている。熱変位を抑えるために冷却フィンやオイルジャケット等が装備されている主軸もある。図1－19に主軸台内部の構造を示す。

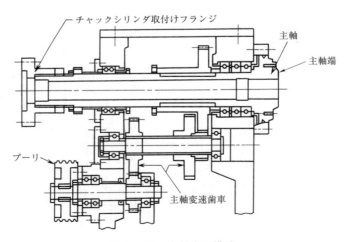

図1－19 主軸台の構造

## 2.3 主電動機

主電動機に使用されているモータは，ACモータとDCモータがある。モータ制御技術の発展に伴い，高速・小形で信頼性が高く，メンテナンス性のよいACモータが多く採用されている。

## 2.4 チャック装置

工作物を把持するためのチャック装置は，チャックの爪を油圧あるいは空気圧によって，自動開閉する装置である。油圧式チャック装置は，主軸後部に取り付けられた油圧シリンダが作動し，ドローバー（中実・中空）が前後に動くことにより，チャックの爪を開閉する。図1-20にチャック装置の外観構成を示す。

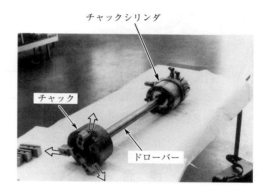

図1-20　チャック装置

## 2.5 往復台

往復台とは，ベッド上を往復して，刃物の送り運動を行う部分の総称である。往復台は，刃物台を保持する台で，主軸径方向（前後）の位置決めを行うクロススライド（横送り台），主軸長手方向（左右）の位置決めを行うサドルがあり，それぞれの速度，位置決めによって切削運動が行われる。

## 2.6 刃物台

刃物台は，工具の取り付け，割り出しを行う部分で，タレット，ドラム，くし刃等の形式がある。タレット，ドラム形の刃物台の割出し方式は，機械式や油圧インデックスモータ方式，あるいはサーボモータ方式がある。割出し位置決めには，高い繰返し精度が要求されるため，カービックカップリングが採用され，任意の割出し位置でアンクランプ→旋回→クランプを自動で行える。

カービックカップリングは，円盤状の割出し板で2枚をかみ合わせることで，高い剛性と繰り返し割出し精度を可能にする。図1-21に刃物台の外観を，図1-22に構造を示す。

第1章　NC旋盤の概要

図1-21　刃物台

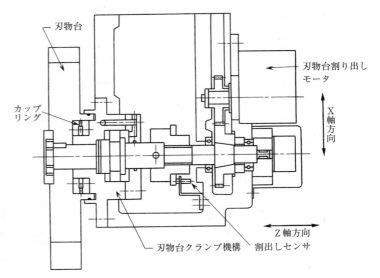

図1-22　刃物台の構造

## 2.7　心押台

　心押台は，主軸台の反対側に位置し，工作物の一端をセンタで支える台である。
　心押台本体，心押台ベース，心押軸，心押センタから構成され，回転センタを使用する方式や軸受を心押本体に組み込み，止まりセンタを使用する方式がある。一般的に，油圧により心押軸が出入りする機構をもち，また工作物を軸方向に沿って押す推力を得る。心押台の移動方式は，手動及び自動がある。図1-23に回転センタ方式と止まりセンタ方式の心押台の構造を示す。

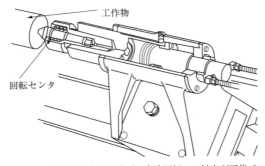

センタだけが回転するタイプ。高速回転への対応が可能で，NC旋盤で一般的に用いられる。

（a）回転センタ方式

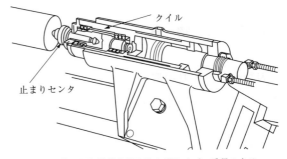

クイル内に回転機構を組み込んだタイプ。重量のある工作物に適している。

（b）止まりセンタ方式

図1-23　心押台の構造

― 20 ―

## 2.8　送り駆動機構

　NC旋盤の送り駆動機構は，ボールねじを使用してサーボモータの回転運動を直線運動に変え，NC装置により制御を行っている。直線運動の軸名称は，主軸の軸心と平行な軸をZ軸，軸心と垂直方向の軸をX軸としている。

## 2.9　摺動面潤滑装置

　摺動面潤滑装置は，ボールねじや摺動面などのすべり面や転がり面の摩耗を防ぐため，潤滑油を供給する装置である。潤滑油を供給するポンプは，一定時間に一定量の油を吐出し，分配弁を通って各部に潤滑油を送る。

## 2.10　NC装置と主操作盤

　NC旋盤に使用される電装品関係は，数値制御装置と強電制御装置に大別される。

　数値制御装置は，NC装置と呼ばれ，サーボモータを数値指令によって制御する中枢部，演算制御部，サーボ制御部，操作盤から構成されている。

　強電制御装置は，強電盤とも呼ばれ，各機器の自動運転・周辺機器装置などの制御を行う部分で，リミットスイッチ，近接スイッチなどの検出器，油空圧電磁弁及び機内照明などの電装品制御部から構成されている。

　操作盤は，NCプログラムを入出力するNC操作盤と，機械の手動操作などを行う機械操作盤から構成されている。図1－24に操作盤を示す。

　NC旋盤は，一般にNC装置本体を機械背面に，操作盤を機械前面に配置して，作業者が集中操作できるようにしている。

第1章　NC旋盤の概要

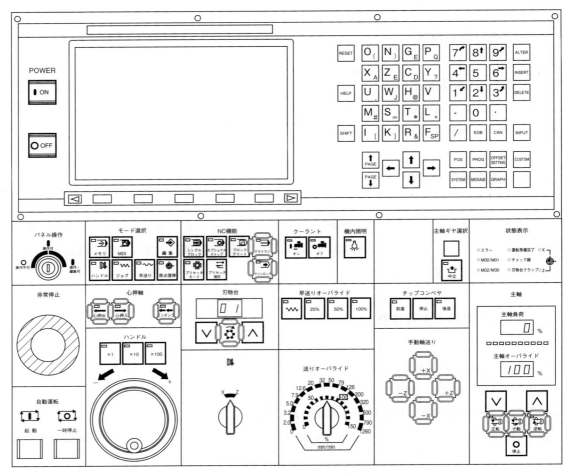

図1−24　操作盤（例）

## 第3節　NC旋盤のツーリング・取付工具

　NC旋盤の刃物台は，一般に8～12本の工具が取り付けられるようになっている。加工に必要な工具を刃物台に取り付けておけば，指令により工具を自動的に割り出しながら，連続加工を行える。工具の選定や取付方法などは，加工前の検討を十分に行っておく必要がある。図1-25にNC旋盤の刃物台を示す。

　バイトやドリルなどの各種工具は，直接又は各種のツールホルダを介して，刃物台に取り付けられることが多い。各種ツールホルダは刃物台専用のものであり，用意されているツールホルダによって各種工具の取付方法が決まる。

図1-25　刃物台と工具

### 3.1　ツーリングシステム

　NC旋盤は，構造や刃物台の種類などから，それぞれ独自のツーリングシステムを構成しており，工具の取り付けに当たっては，それぞれのツーリングシステムに従って行わなければならない。図1-26にツーリングシステムを示す。

第1章　NC旋盤の概要

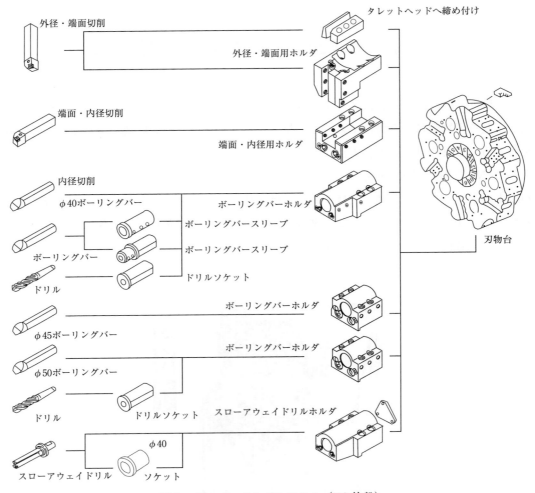

図1-26　ツーリングシステム（NC旋盤）

### 3.2　工具類

　使用する工具には，バイト，ドリル，中ぐりバイトなどがある。また，工具材質としては，高速度工具鋼（ハイス），超硬合金，サーメット，セラミックなどが利用されている。高速度工具鋼を利用することもあるが，一般には重切削あるいは高速切削が可能な超硬合金，サーメットなどが多く使用されている。

　超硬合金，サーメットなどの工具は，工具交換時の刃先位置の調整，工具摩耗・工具寿命など，工具段取り時間の短縮や工具管理を容易にするために，スローアウェイタイプの工具が多く使用されている。図1-27にチャックワーク時の各種工具の切削方向，図1-28にセンタワーク時の各種工具の切削方向について示す。外径端面切削用スローアウェイバイトの切削方向は，図1-29のようであり，プログラム作成時に参照するとよい。

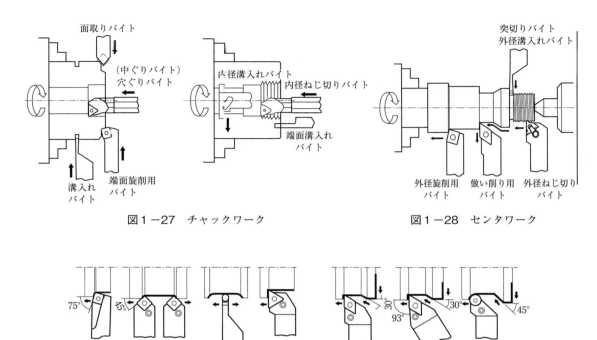

図1-27 チャックワーク　　図1-28 センタワーク

図1-29 外径端面切削用スローアウェイバイトの切削方向

## 3.3　チップ・ホルダ

　スローアウェイバイトは，チップ（刃先交換式）とホルダから成り立っており，切削する形状により様々な形状がある。チップとホルダは規格化されており，図1-30にチップの表示方法を，図1-31に外径ホルダの表示方法を示す。
　チップの形状は正三角形，正方形，ひし形，丸形などがあり，逃げ角や精度，穴やブレーカの有無，大きさ，厚みなどが記号で表示される。
　ホルダは，適合するチップを取り付けて使用し，ホルダの表示方法には，クランプ方式やチップの形状，切込み角，チップの逃げ角，勝手，シャンクの大きさなどが記号で表示される。

# 第1章　NC旋盤の概要

| 記号 | 形状 |
|---|---|
| H | 正六角形 |
| O | 正八角形 |
| P | 正五角形 |
| S | 正方形 |
| T | 正三角形 |
| C | ひし形頂角80° |
| D | ひし形頂角55° |
| W | 六角形 |
| A | 平行四辺形頂角85° |
| R | 円形 |

①形状記号　②逃げ角記号　③精度記号　④溝・穴記号

ISO表示（ミリ）： T ① N ② M ③ G ④ 16 ⑤ 04 ⑥ 08 ⑦ PG ⑧

⑤切刃長さ記号　⑥厚み記号　⑦コーナ記号　⑧任意記号（主切刃記号、勝手記号、ブレーカ記号など）

図1－30　チップの表示方法

| 記号 | 方式 |
|---|---|
| A | 背面クランプ |
| C | クランプオン |
| D | ダブルクランプ |
| M | 二重クランプ |
| P | ピンロック（レバーロック） |
| S | スクリュークランプ |
| W | ウェッジロック |

①クランプ方式　③切込み角度　⑤勝手　⑦シャンクの幅　⑨チップの切刃長さ

D① C② L③ N④ R⑤ 20⑥ 20⑦ K⑧ -12⑨ ⑩

②チップの形状　④チップの逃げ角　⑥シャンクの高さ　⑧ホルダの全長　⑩その他

図1－31　外径ホルダの表示方法

　ホルダの勝手には，「右勝手」と「左勝手」及び「勝手なし」があり，図1－32のようにホルダのチップすくい面を上にし，チップ側を手前にしてホルダを見たとき，チップの切れ刃が左側にあるのが「左勝手のホルダ」，チップの切れ刃が右側にあるものが「右勝手のホルダ」，チップの先端（コーナー）が中央にあるものが「勝手なしのホルダ」となる。
　チップにも，ホルダと同様に「右勝手チップ」と「左勝手チップ」及び「勝手なしチップ」がある。「勝手なしチップ」には，切れ刃が左右両側にある。

一般的には，外径切削用バイトでは，「右勝手のホルダ」に「右勝手のチップ」を取り付ける。内径切削用バイトは，「右勝手のホルダ」に「左勝手のチップ」を取り付けて使用する。

刃の役割をするチップは，交換が簡単に可能であり，図1－33のようなクランプ方式がある。それぞれに特徴があるため，切削用途に合わせたスローアウェイバイトを選択する。

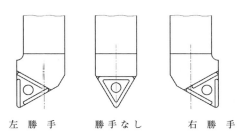

図1－32　ホルダの勝手

| 名　　称 | 構　　造 | 特　　長 |
|---|---|---|
| クランプオン（C） | | 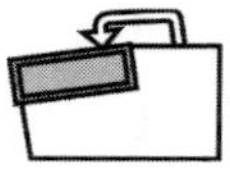 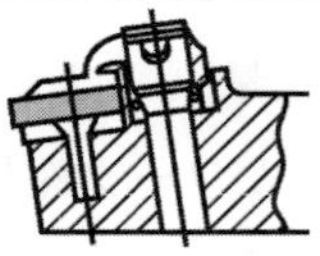 ・クランプ駒をインサート（穴なし）の上面からおさえて固定する強固なクランプ |
| ダブルクランプ（D） | |  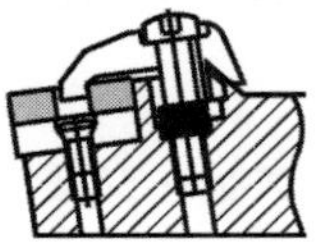 ・ワンアクションで、チップを2方向に強固なクランプ |
| ピンロック（P） | | 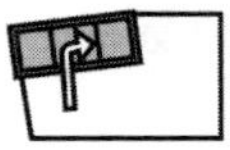 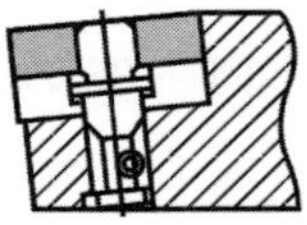 ・偏心ピンでインサートをおさえ、重切削にはあまり適していない。<br>・チップの着脱が容易<br>・汎用 |
| レバーロック（P） | | 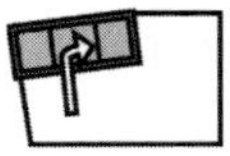 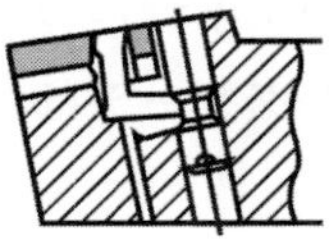 ・上下方向のクランプ強度は十分ではなく、断続重切削にはあまり適していない。<br>・汎用 |
| スクリュークランプ（S） | | 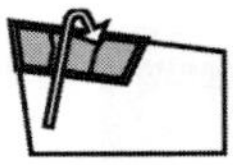 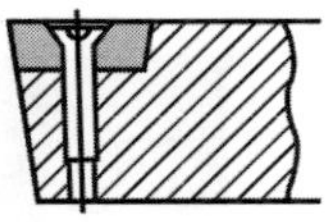 ・構造が簡単<br>・仕上げ～中切削用 |

図1－33　クランプ方式

第1章　NC旋盤の概要

# 第4節　NC旋盤の周辺機器・装置

　作業を効率的に行うには，NC旋盤が豊富な機能をもち，操作性に優れていると同時に，自動化に対応する拡張性も必要である。NC工作機械をベースにした自動生産システムでは，NC旋盤の自動化・無人化を推進する様々な周辺機器・装置が開発されている。
　ここでは，NC旋盤の周辺機器・装置について標準的に使われている機器・装置から，自動化の推進に役立つ機器・装置まで，実用化されているいくつかの機器・装置について説明する。

## 4.1　セッティングゲージ

　セッティングゲージは，工具の刃先位置を測定する装置である。NC旋盤は，基準工具と刃先位置の誤差量を測定し，これを工具補正量（又は，工具オフセット量という）として，NC装置に登録しておくと，基準工具で設定したワーク座標系内では，自動的に工具補正量だけ補正された工具経路になる。これを工具補正機能といい，この機能を使用すると，工具の形状を気にすることなくプログラミングできる。
　NC旋盤が開発された初期のセッティングゲージは，図1-34のような工具刃先と総形の形状になったセッティングゲージが用いられていた。図1-35のような光学式セッティングゲージも一時期は用いられていたが，現在は，図1-36のような電気式セッティングゲージ（ツールプリセッタ）が多く採用されている。
　光学式セッティングゲージは，顕微鏡の基準線に刃先位置を合わせ，そのときの現在位置から工具補正量を求める。電気式セッティングゲージは，セッティングゲージに取り付けられた

図1-34　セッティングゲージ

（a）外　　観　　　　　（b）顕微鏡視野

図1-35　光学式セッティングゲージ

― 28 ―

第4節　NC旋盤の周辺機器・装置

図1-36　電気式セッティングゲージ（ツールプリセッタ）

センサに刃先を接触させて，電気信号を検知し，そのときの工具の現在位置から工具補正量を求める。

### 4.2　ワーク自動計測装置

ワーク自動計測装置は，計測部の測定子（タッチセンサ）が工作物に接触したとき，工作物の外径，内径，端面位置などの寸法を算出し，プログラムでの数値との誤差量を自動補正する装置である。図1-37にワーク自動計測装置の例を示す。

### 4.3　チップコンベヤ

チップコンベヤは，機械加工で生じた切りくずを機外へ排出する装置である。切削油剤と切りくずを分離して，切りくずをバケットに収容する。切りくずの形状により，様々なタイプのチップコンベヤがある。図1-38にチップコンベヤを示す。

図1-37　ワーク自動計測装置

図1-38　チップコンベヤ

## 4.4 バーフィーダ

　バーフィーダは，主軸の貫通穴を利用して，主軸後部から長い棒材を一定量ずつ自動供給する装置で，機械の側面に設置される。

　供給された棒材を，決められた工作物の形状に加工を行い，最後に突切り加工を行って完了すると，次に加工長さ分だけ棒材が押し出される。突切り加工された工作物は，パーツキャッチャと呼ばれる工作物の受取装置で回収される。バーフィーダは，同じ形状の部品加工を連続して行うことができ，NC旋盤の長時間無人運転に利用される。図1-39にバーフィーダを，図1-40に工作物受取装置を示す。

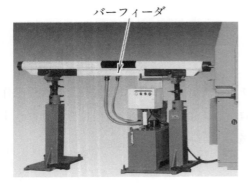
図1-39　バーフィーダ

図1-40　工作物受取装置

## 4.5 オートローダ

　オートローダは，バーフィーダと同じく工作物を自動供給する装置である。オートローダ

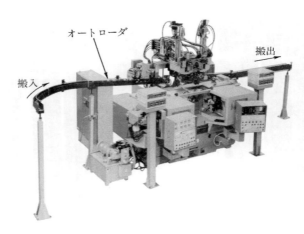
図1-41　オートローダ

は，一定量に切断した素材の搬入と加工後の搬出を行う。工作物の搬出はローダを使用せずに，シュータを用いて行う場合もある。図1－41にオートローダを示す。

### 4.6 ロボット

ロボットは，工作物の着脱を自動的に行う装置である。工作物の着脱のために，手首の旋回，腕の旋回や上下移動，前後移動など4～5種の自由度をもったロボットが利用されている。図1－42にNC旋盤に設備された円筒座標ロボットを，図1－43にロボットが工作物の着脱を行っている様子を示す。

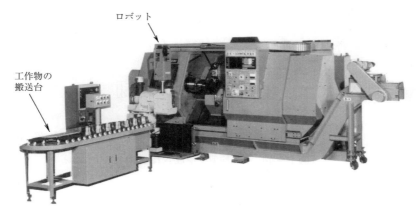

図1－42　ロボットを備えたNC旋盤

図1－43　ロボットの動作

第1章　NC旋盤の概要

　ロボットを利用する際に付属する機器・装置としては，工作物の搬送台，チャック面や工具刃先の清掃用のエアブロー装置，工作物の着座確認装置，工作物の数量確認用カウンタ装置などがある。図1-44は，FMC（Flexible Manufacturing Cell）と呼ばれる自動生産システムである。システムはNC旋盤2台，ロボット及び工作物搬送装置などから構成されており，ロボットは2台のNC旋盤の工作物を着脱している。

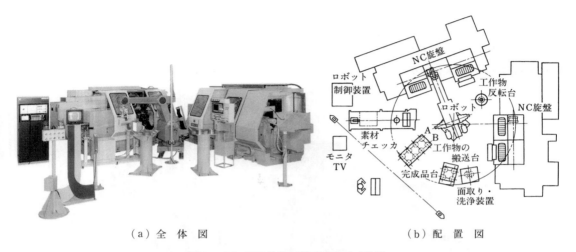

（a）全　体　図　　　　　　　　　　　　（b）配　置　図

図1-44　NC旋盤で構成されたFMC

## 4.7　自動爪交換装置（AJC）

　自動爪交換装置は，チャックの爪を自動交換する装置で，AJC（Automatic Jaw Changer）と呼ばれている。チャックの爪の交換は，ロボットあるいは爪交換装置が行う。多種類の工作物を加工する場合，工作物の形状ごとに自動でチャックの爪を交換でき，ローダやロボットと組み合わせることにより，長時間の連続運転が可能になる。図1-45に自動爪交換装置（AJC）を示す。

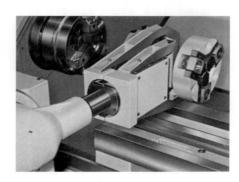

図1-45　A　J　C

## 4.8 自動工具交換装置（ATC）

　自動工具交換装置は，ATC（Automatic Tool Changer）と呼ばれ，ロボット，ローダなどを利用して，複数部品の加工，あるいは長時間運転における予備工具などの交換など，ATCアームで工具を自動交換する装置である。ターニングセンタなど，複合加工機械に多く採用されている。図1－46に自動工具交換装置（ATC）を示す。

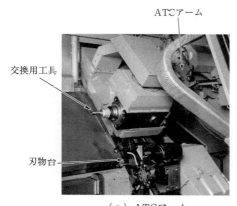 

（a）ATCアーム　　　　　　　　　　　（b）ATCマガジン

図1－46　Ａ　Ｔ　Ｃ

## 4.9 自動電源遮断装置

　自動電源遮断装置は，あらかじめ設定した時間や加工数によって，その設定した数値に達したときに，自動的に機械の電源を遮断する装置である。夜間の無人運転を行う場合に利用される。

## 4.10 プログラマブルテールストック

　プログラマブルテールストックは，心押台がNC指令によって，移動できる心押装置をいう。センタ作業を行う場合で，ロボットやオートローダを使用して，工作物を搬入搬出する際，心押台との干渉があるときに使用される。

第1章　NC旋盤の概要

# 第1章のまとめ

1．NC旋盤を構成している主要部位を六つあげなさい。

（　　　　　　　　　）・（　　　　　　　　　）・（　　　　　　　　　）
（　　　　　　　　　）・（　　　　　　　　　）・（　　　　　　　　　）

2．刃物台と往復台を分類し，それぞれの特徴を述べなさい。

　　a．刃物台の分類

　　　（　　　　　　　　　）-------------------------------------------------------------------
　　　（　　　　　　　　　）-------------------------------------------------------------------
　　　（　　　　　　　　　）-------------------------------------------------------------------

　　b．往復台の分類

　　　（　　　　　　　　　）-------------------------------------------------------------------
　　　（　　　　　　　　　）-------------------------------------------------------------------
　　　（　　　　　　　　　）-------------------------------------------------------------------

3．NC旋盤の周辺機器について，用途を述べなさい。

　　a．チップコンベヤ　-------------------------------------------------------------------
　　b．バーフィーダ　　-------------------------------------------------------------------
　　c．オートローダ　　-------------------------------------------------------------------
　　d．自動爪交換装置　-------------------------------------------------------------------
　　e．自動電源遮断装置　-----------------------------------------------------------------

# 第2章
# プログラミングの基礎

　NC 旋盤は，人と機械が互いに分かる言語で動いている。言語は記号と数値によって表されており，動作順序に従って並べ，作成したものをプログラムという。

　汎用旋盤を操作する作業順序とほぼ同じようにプログラミングすることで，NC 旋盤を動かすことができる。

　この章では，プログラムを作成する上で，重要になる NC 旋盤の基本的な機能と言語の表し方及び動作に必要な工具位置の表し方（座標値）を理解し学ぶ。

第2章　プログラミングの基礎

# 第1節　NC旋盤の基本的動作とプログラム

## 1.1　NC旋盤の基本的動作

NC旋盤の様々な基本的動作を，図2-1～図2-5に示す。

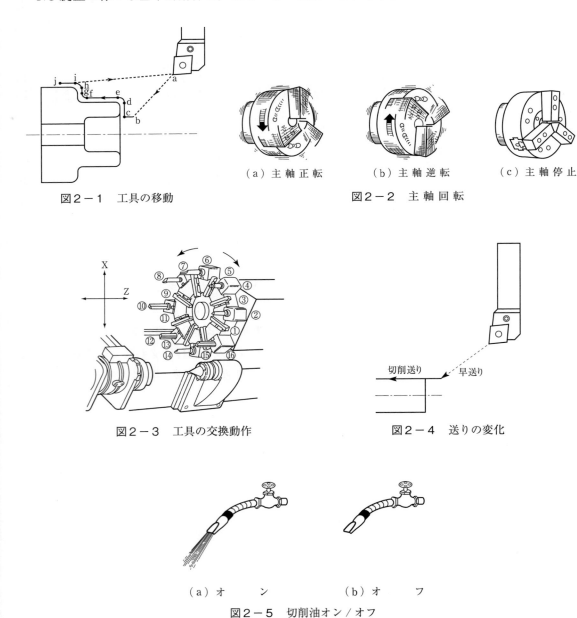

図2-1　工具の移動

（a）主軸正転　　（b）主軸逆転　　（c）主軸停止

図2-2　主軸回転

図2-3　工具の交換動作

図2-4　送りの変化

（a）オ　ン　　（b）オ　フ

図2-5　切削油オン／オフ

## 1.2 プログラミングとは

　プログラミングとは，NC旋盤を動かすために作業順序に従い記号と数値などを並べることをいい，並べられたものをプログラムという。図2－6に示すような，旋削作業をする場合の手順を言葉で表すと，表2－1のようになる。NC旋盤に理解できる記号と数値はあらかじめ決められている。表2－1の作業手順に従って記号に置き換えると，表2－2のようになる。記号と数値を並べることで，プログラミングすることができる。また，プログラムの記述には表2－3のようなプロセスシートといわれるプログラム作成シートも使われる。

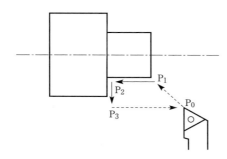

図2－6　旋削作業

表2－1　作業手順

| 順序 | 内容 |
|---|---|
| 1 | 工具を選ぶ（工具番号1番） |
| 2 | 主軸回転速度を選ぶ（500min$^{-1}$） |
| 3 | 送り量を設定する（0.1mm/rev） |
| 4 | 主軸回転（正転オン） |
| 5 | 早送りで切削の開始点$P_1$にバイトを移動する |
| 6 | 切削送りで切削点$P_1 \to P_2$へ移動する |
| 7 | 切削送りで切削点$P_2 \to P_3$へ移動する |
| 8 | 早送りで開始点$P_0$に戻す |
| 9 | 終了 |

表2－2　プログラム

| 順序 | 内容（プログラム） |
|---|---|
| 1 | T 0101 ; |
| 2 | S 500 ; |
| 3 | F 0.1 ; |
| 4 | M03 ; |
| 5 | G 00 X____ Z____ ;（$P_1$点） |
| 6 | G 01 X____ Z____ ;（$P_2$点） |
| 7 | G 01 X____ Z____ ;（$P_3$点） |
| 8 | G 00 X____ Z____ ;（$P_0$点） |
| 9 | M02 ; |

表2－3　プロセスシート利用例

| | O/N | G | X (U) | Z (W) | R | F | S | T | M | CR |
|---|---|---|---|---|---|---|---|---|---|---|
| 1 | | | | | | | | T0101 | | ; |
| 2 | | | | | | | S500 | | | ; |
| 3 | | | | | | F0.1 | | | | ; |
| 4 | | | | | | | | | M03 | ; |
| 5 | | G00 | X__ | Z__ | | | | | | ; |
| 6 | | G01 | X__ | Z__ | | | | | | ; |
| 7 | | G01 | X__ | Z__ | | | | | | ; |
| 8 | | G00 | X__ | Z__ | | | | | | ; |
| 9 | | | | | | | | | M02 | ; |

## 第2節　プログラミングのための基礎知識

### 2.1　プログラムフォーマットの構成

　プログラムフォーマットは，図2－7のように**アドレス**とデータによって**ワード**を構成し，一つ又は複数のワードを組み合わせてブロックを構成する。なお"；"は**ブロック**の終了を示す記号で**EOB**（エンドオブブロック）という。NC旋盤はブロックを認識し，動作する。"；"は，パソコンなどでプログラミングするときなどは，改行で代用される。

　図2－7でN5，G02などをフォーマット詳細略記という。フォーマット詳細略記は，アドレスのデータ表現の方法を示したもので，図2－8のような意味をもっている。アドレスの種類と意味は次項で説明する。

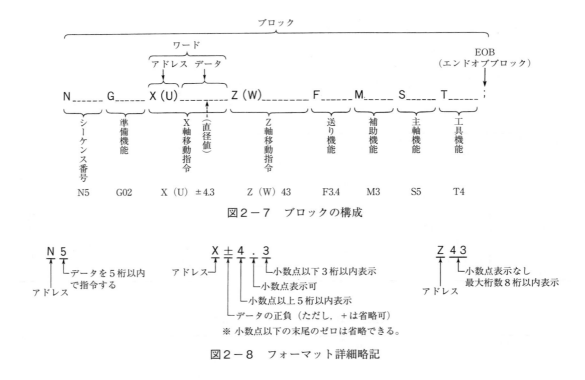

図2－7　ブロックの構成

図2－8　フォーマット詳細略記

　図2－8に示すように，アドレスのデータは小数点入力が可能である。この場合，図2－9に示すようにリーディングゼロ（数字の頭のゼロ），トレーリングゼロ（小数点以下の末尾のゼロ）を省略することができる。小数点入力が可能なアドレスは，距離，速度，時間でデータを表す場合であり，X，Z，U，W，F，I，K，R，Cなどのアドレスがある。

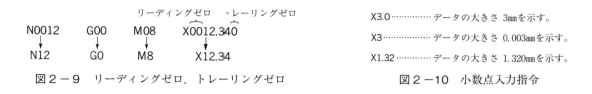

リーディングゼロ　トレーリングゼロ

N0012　G00　M08　X0012.340

↓　↓　↓　↓

N12　G0　M8　X12.34

図２－９　リーディングゼロ，トレーリングゼロ

X3.0……………データの大きさ 3mmを示す。

X3…………………データの大きさ 0.003mmを示す。

X1.32……………データの大きさ 1.320mmを示す。

図２－10　小数点入力指令

図２－10に示すように，小数点入力の場合，データに小数点が有るものと無いものとでは，データの意味が異なるため注意する。

小数点以下の数字が最小設定単位に該当し，最大桁数以内で最小単位以下を指令すると，最小設定単位の次の位が四捨五入される。図２－11に最大桁数８桁，最小設定単位0.001の場合の例を示す。

なお，最小設定単位については，機械の取扱説明書を参照されたい。

小数点入力には電卓形小数点入力[(1)]の場合とそうでない場合がある。電卓形小数点入力では，小数点を省略することができるが，本書では小数点入力が可能なデータに関しては，小数点を使用することとする。小数点入力を図２－12に示す。

X12345.678………………８桁表示で指令可能

X123456.789……………９桁表示で入力不可

X12.3456789……………９桁表示で入力不可

X12.345678………………８桁表示で指令可能

⇩　しかし，小数点以下第４位が四捨五入される。

(X12.346)

図２－11　最小設定単位と最大桁数

(例) データの大きさが50mmの場合

小数点入力でないとき-------X 50000

小数点入力のとき----------X 50.000 / X 50.00 / X 50.0 / X 50.

--(電卓形)-------------X 50

いずれの方法でも指令することができる。

図２－12　小数点入力

(1)　電卓形小数点入力では，数値制御装置が軸の移動量を指令する小数点の設定で（インチ，ミリなど単位が異なる），例えば「X 1」と指令すると「X 1.0mm」となる。

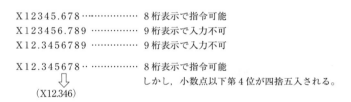

第2章　プログラミングの基礎

## 2.2　アドレスの種類と意味

アドレスの種類と意味を表2－4に示す。

表2－4　アドレスの種類と意味

| アドレス | 機　能 | 意　味 | | 指令値の範囲 |
|---|---|---|---|---|
| $\overline{\text{O}}$ | プログラム番号 | プログラム番号を指定する。<br>（ISOコードの場合は"：（コロン）"が使用できる） | | 1～9999 |
| N | シーケンス番号 | 任意のブロックに番号を指定する。 | | 1～99999 |
| G | 準備機能 | 直線補間や円弧補間などの動作モードを指定する。 | | 0～255 |
| X，Z | ディメンジョンワード<br>（座標語） | 座標軸の移動指令 | （アブソリュート指令） | ±9999.999 |
| U，W | | | （インクレメンタル指令）[2] | |
| R | | 円弧の半径を指定する。 | | |
| I，K | | 円弧の中心座標を指定する。 | | |
| F | 送り機能 | 送り速度の指定 | | 0.0001～500.0000<br>[mm/rev] |
| S | 主軸機能 | 主軸回転速度の指定 | | 0～99999 |
| T | 工具機能 | 工具番号の指定 | | 0～9999 |
| M | 補助機能 | 機械側でのオン／オフ制御の指定 | | 0～999 |
| P，X | ドウェル | ドウェル時間の指定 | | 0～9999.999秒 |
| P | プログラム番号の指定<br>（繰返し回数） | サブプログラム番号の指定 | | 1～9999 |
| （L） | | サブプログラムの繰返し回数<br>固定サイクルの繰返し回数<br>繰返し回数はLを使用する場合もある。 | | 1～9999 |

## 2.3　座標系とプログラム原点

### （1）座　標　系

工作機械における座標系は，右手直交座標系によって決められており，矢印方向をプラス側としている。図2－13に右手直交座標系を示す。

通常使用されるNC旋盤の座標系は，X軸（主軸中心に直交する加工物の直径方向，すなわ

---

(2)　訓練現場では「インクリメンタル」と称されることがあるが，JISでは「インクレメンタル」と表記されている。

ち刃物台が前後に移動する方向)とZ軸(主軸の長手方向,すなわち往復台が左右に移動する方向)の2軸である。一般には,図2-14に示すように,横軸にZ軸,縦軸にX軸をとり,X(直径値)とZの座標値で位置を表現する。

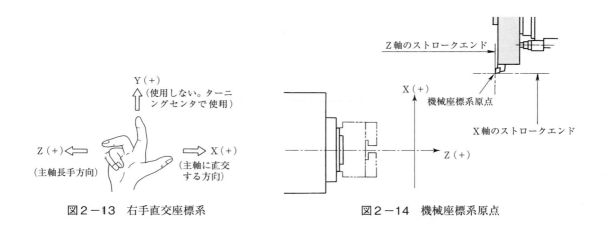

図2-13 右手直交座標系　　　　　　図2-14 機械座標系原点

### (2) 機械座標系

座標系をNC旋盤に当てはめた場合,機械には固有のストロークがあり,無限に数値が広がることはない。X軸,Z軸の+側ストロークエンドの位置を機械座標系原点(機械原点又はレファレンス点)として,機械固有の機械座標系を設定している。機械座標系原点は各軸の座標系を設定する基本的な位置である。

### (3) プログラム原点

プログラム作成時の工具の移動指令は,工作物のある基準点を**プログラム原点**(加工原点,又はワーク座標系原点)とした**ワーク座標系**を設定し,このワーク座標系内の座標値で指令する。

ワーク座標系の設定には,二つの場合が考えられる。図2-15(a)のように,工作物仕上げ端面の回転中心をプログラム原点としたワーク座標系と,図2-15(b)のように,既に加工済みの工作物仕上げ端面の回転中心をプログラム原点とするワーク座標系である。それぞれは次のような特徴がある。

図2-15(a)の場合は,工作物を切削するときのZ軸方向の指令値はすべて負(-)指令となり,切削,非切削(エアカット)のプログラムチェックをしやすい。図2-15(b)の場合は,図面寸法と同じ数値で指令値を与えることができ,加工寸法のプログラムチェックをしやすい。

本書では,図2-15(a)のワーク座標系で記述することにする。

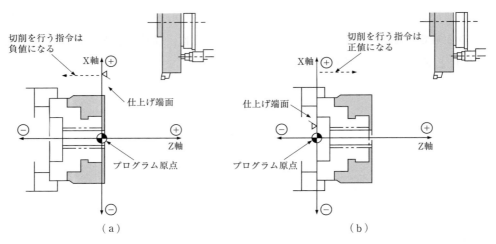

図2−15 ワーク座標系

## (4) ワーク座標系の設定方法

ワーク座標系の代表的な設定方法は，次のとおりである。

設定方法は機械により異なるため，実際にワーク座標系を設定する場合は，取扱説明書を確認する。基本的に，ワーク座標系を設定することは，プログラム原点をどのように，どこに置くかということである。

ワーク座標系は，工作物上のある基準点をプログラム原点とし，このプログラム原点と工具との相対位置を指令することにより設定される。ワーク座標系が設定されると，以後の移動指令は，プログラム原点を基準とした座標値を指令する。プログラミングの段階では，工具経路をワーク座標系に従って指令すればよいため，機械座標系原点の位置やほかの工具の刃先位置を気にすることなくプログラミングを行える。

### a　G50によるワーク座標系の設定

図2−16に示すように，座標系設定（G50）の指令によって，工作物上の基準点を中心とするワーク座標系を設定する。

ワーク座標系の設定は，G50に続いて，アドレス"X"，"Z"で工具出発点の座標値を指令する。工作物を実際に加工するときには，機械座標系原点から工具出発点までの距離（$\alpha_x$，$\alpha_z$），あるいは他工具の基準工具との刃先位置のずれを測定し，設定する必要がある。工具出発点は，基準工具（一般に，刃物台に取り付けてある工具のうち，外径・端面加工の仕上げ用バイト）の刃先先端位置とする。工具出発点は，機械座標系原点よりもプログラム原点に近づいた位置，しかも，刃物台の割出し時に工具がチャックや工作物と干渉しない位置に設定する。

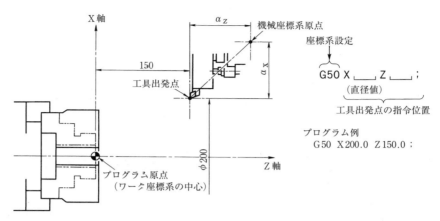

図2-16 ワーク座標系の設定

b　工具機能によるワーク座標系の設定

図2-17に示すように，機械原点でのそれぞれの工具位置から，プログラム原点までの距離（$\beta_x$, $\beta_z$）を指定することで，ワーク座標系を設定する。実際に加工する切削工具を設定する際に，$\beta_z$, $\beta_z$をNC装置に入力する。

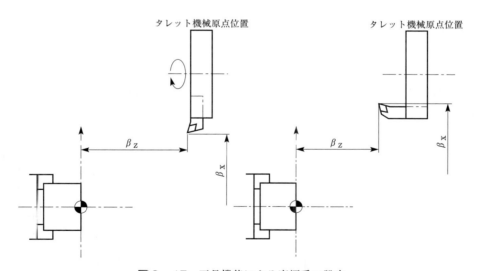

図2-17 工具機能による座標系の設定

c　ワーク座標系シフトによる設定

図2-18に示すように，機械上に仮のワーク座標系を設定しておき，実際のワーク座標系との差をシフトすることで，座標系を設定する。仮のワーク座標系との差をNC装置に入力する。

第2章 プログラミングの基礎

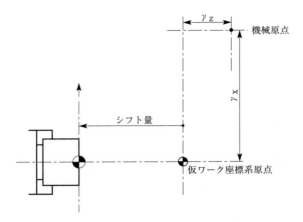

図2－18　ワーク座標系シフトによる設定

## 2.4 アブソリュート指令とインクレメンタル指令

プログラムにおいて座標値を表す場合は，アブソリュート指令とインクレメンタル指令の二つの方法がある。

### (1) アブソリュート指令

アブソリュート指令は，プログラム原点を座標原点として，X，Zのアドレスを先頭に付けて表す。NC旋盤のXの値は直径値で表す。図2－19と図2－20にアブソリュート座標と指令を示す。

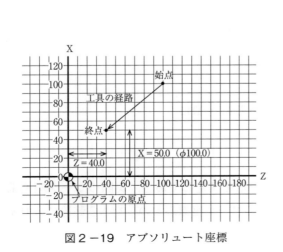

図2－19　アブソリュート座標

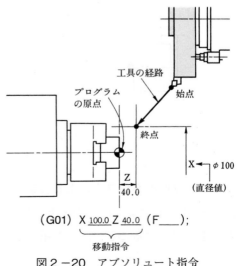

図2－20　アブソリュート指令

－44－

## （2）インクレメンタル指令

インクレメンタル指令は，増分値指令ともいわれる。移動しようとする座標値は，現在点を始点にして終点までの増減値によって表示し，U（X軸），W（Z軸）のアドレスを先頭に付けて表す。前ブロックの終点が次のブロックの始点になる。NC旋盤のUの値は直径値で表す。図2-21と図2-22にインクレメンタル座標と指令を示す。

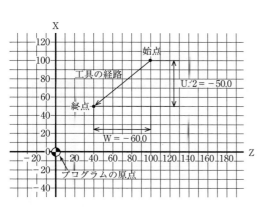

図2-21　インクレメンタル座標

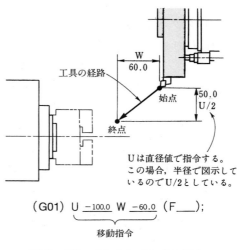

図2-22　インクレメンタル指令

# 第3節　各種機能

## 3.1　プログラム番号（O̅）

　NC装置にプログラムを登録する場合，あるいは登録されているプログラムを呼び出す場合に，プログラム番号が必要になる。プログラム番号は，図2−23に示すように，プログラムの先頭に付ける。

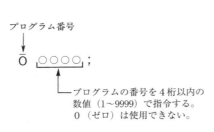
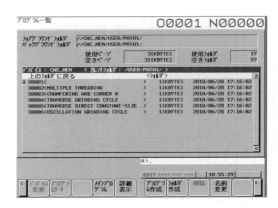

図2−23　プログラムリストの表示画面
出所：ファナック（株）『FANUC NCガイド』

　プログラム番号は，単独のブロックで指令する。
　プログラム番号に続いて，機械指令に直接関係しない情報を括弧（　　）でくくられた中にプログラム名，部品名，番号等をコメントとして，図2−24のように入力できる。
　プログラムは，プログラム番号に始まり，プログラムの最終行をエンドオブプログラム（M02）又はエンドオブデータ（M30）で終了する。図2−25にプログラムの構成を示す。

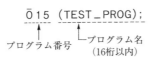

図2−24　無為情報

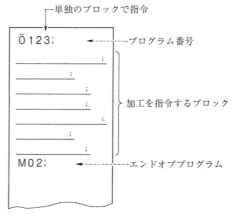

図2−25　プログラムの構成

− 46 −

## 3.2 シーケンス番号（N）

　シーケンス番号は，ブロックの区分や識別のために，図2-26に示すように，ブロックの先頭に付けられる。
　シーケンス番号は，1ブロックずつ順番に指令していくこともできるが，特定のブロックだけに指令することもできる。また，番号は順不同であってもよい。したがって，図2-27のように，加工の種類ごとにシーケンス番号を指令して，一連の数値で加工順序を表す。
　「第3章」で述べるように，複合固定サイクル使用でのプログラムでは，繰り返し実行されるブロックに連番号以外のシーケンス番号を指令し，複合固定サイクルのG70（仕上げサイクル）での実行呼び出しで用いる。

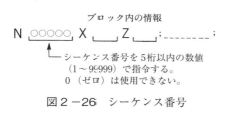

図2-26　シーケンス番号

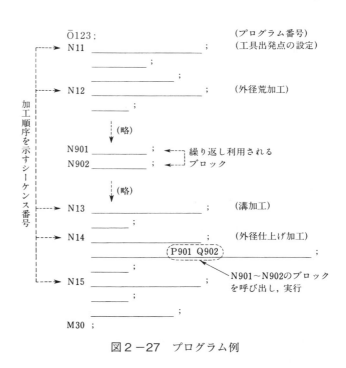

図2-27　プログラム例

## 3.3　準備機能（G機能）

　準備機能（G機能）は，一般的に工具の移動や機械の動きに対して指令する機能でGコードと呼ばれる。準備機能は，アドレス"G"に続いて2桁の数値でG○○のように指令する。
　NC工作機械の種類によって，準備機能の種類や用途は異なるが，一般に用いられている準備機能を表2-5に示す。準備機能は，00～09のグループに分類されている。
　Gコードは，異なるグループであれば，基本的に同一ブロック内にいくつでも指令できる。

第2章　プログラミングの基礎

表2−5　準備機能（Gコード機能）一覧

| Gコード<br>(Code) | グループ<br>(Group) | 機　能（Function） | 参照ページ※ |
|---|---|---|---|
| G 00 | 01 | 位置決め | 56 |
| ▶ G 01 | | 直線補間 | 57 |
| G 02 | | 円弧補間　時計方向 | 58 |
| G 03 | | 円弧補間　反時計方向 | 58 |
| G 04 | 00 | ドウェル | 61 |
| ▶ G 22 | 09 | ストアードストロークチェック機能オン（ソフトオーバトラベルオン） | − |
| G 23 | | ストアードストロークチェック機能オフ（ソフトオーバトラベルオフ） | − |
| G 28 | 00 | 自動原点復帰 | 60 |
| G 32 | 01 | ねじ切り | 51，59 |
| ▶ G 40 | 07 | 刃先R[(3)]補正キャンセル | 72 |
| G 41 | | 刃先R補正左側 | 72 |
| G 42 | | 刃先R補正右側 | 72 |
| G 50 | 00 | 座標系設定／主軸最高回転速度設定 | 42，50 |
| G 70 | 00 | 仕上げサイクル | 92 |
| G 71 | | 外径，内径荒加工サイクル | 87 |
| G 72 | | 端面荒加工サイクル | 89 |
| G 73 | | 閉ループ切削サイクル | 90 |
| G 74 | | 端面突切りサイクル，深穴ドリルサイクル | 93 |
| G 75 | | 外径，内径溝入れサイクル，突切りサイクル | 94 |
| G 76 | | 複合形ねじ切りサイクル | 51，95 |
| G 90 | 01 | 外径，内径切削サイクル | 80 |
| G 92 | | ねじ切りサイクル | 51，84 |
| G 94 | | 端面切削サイクル | 83 |
| G 96 | 02 | 周速一定制御指令 | 49 |
| ▶ G 97 | | 回転速度直接指令 | 49 |
| G 98 | 05 | 毎分送り | 51 |
| ▶ G 99 | | 毎回転送り | 51 |

（注）　1．表のGコードは，NC旋盤の制御装置の一部を抜粋している。表以外の準備機能は，機械の取扱説明書を参照のこと。
　　　　2．▶記号の付いているGコードは，電源投入時あるいはリセット状態で，そのGコードの状態になることを示す。
　　　　3．00のグループのGコードは，モーダルでない（その機能が次のブロックに継続しない。続けて必要な場合は，次のブロックに再度記入）Gコードであることを示し，指令されたブロックのみ有効である。モーダルなGコードとは，同一グループのほかのGコードが指令されるまで（ほかの指令コードがくるまでその機能が継続される），そのGコードが有効なものをいう。
　　　　4．Gコードは異なるグループであれば，いくつでも同一のブロックに指令することができる。もし，同じグループに属するGコードを同一ブロックに二つ以上指令した場合には，後で指令したGコードが有効となる。
※　表中右欄の参照ページの番号は，本書の中で各Gコードを説明しているページを示す。

（3）　「刃先R」又は「ノーズR（Nr；Nose Radius ＝刃先先端の半径）」と称されることがあるが，JISでは
　　「コーナ半径」と表記されている。

— 48 —

## 3.4 主軸機能（S機能）

主軸回転速度は，主軸機能（S機能）によって指令する。主軸回転速度の指令は，回転速度直接指令か周速一定制御指令の2通りがある。

### （1）回転速度直接指令（G97）

回転速度を指令することで，指令回転速度が保たれる。図2－28に回転速度直接指令を示す。

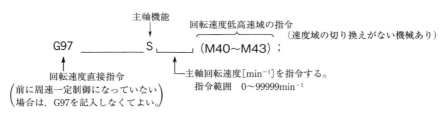

図2－28　回転速度直接指令

### （2）周速一定制御指令（G96）

周速一定制御とは，工作物の直径が変化しても，常に工作物の周速（刃物から見た相対速度）を一定に保つように，工作物の直径変化に応じて主軸回転速度を自動的に変速する機能をいう。図2－29に周速一定制御指令を示す。

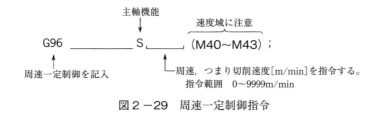

図2－29　周速一定制御指令

なお，周速（切削速度）と回転速度及び加工直径の関係式は，次のとおりである。

$$V = \frac{\pi \times D \times N}{1,000}$$

$V$：切削速度 [m/min]
$\pi$：円周率 [3.14]
$D$：工作物直径 [mm]
$N$：回転速度 [min$^{-1}$]

主軸機能は，G97（回転速度直接指令）のモードか，G96（周速一定制御指令）のモードか

— 49 —

によって，次のように異なるため，注意を要する。

G97のモードでは，アドレス"S"に続いて，主軸回転速度 [min$^{-1}$] を指令する。

G96のモードでは，アドレス"S"に続いて，切削速度 [m/min] を指令する。

主軸回転速度の変速域は，主軸機能に続いて，M40（低速域）～M43（高速域）を指令する。主軸変速域の選択の目安は，780min$^{-1}$（機械の仕様を参照）までの荒切削では低速域を，780min$^{-1}$ 以上の仕上げ切削では高速域を選択する。機械の仕様を参照し，適切な変速域を選択する。現在では，レンジ切り替えの必要がないサーボモータが利用されるようになり，変速域の指定はしなくてもよい機械が多くなっている。

モードの切り替えについては，G96からG97にS指定なしで切り換えた場合は，その時点での主軸回転速度に保持される。逆にG97からG96へS指定なしで切り換えた場合は，以前のG96でのS指定が復帰し，周速が一定になる。図2-30にS機能プログラム例を示す。

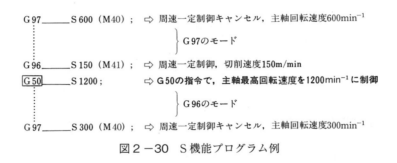

図2-30　S機能プログラム例

### （3）回転速度制限（G50）

G50の指令で，主軸最高回転速度の制限値を設定できる。周速一定制御中での端面切削など，直径値が小さくなり回転速度が上昇する場合，主軸の回転速度を制限し，その上限値に保持する。チャック圧力や材料の取付状態等に応じて，主軸最高回転速度 [min$^{-1}$] を設定する。図2-31に回転速度制限を示す。

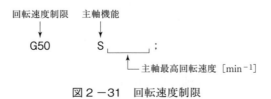

図2-31　回転速度制限

### 3.5　送り機能（F機能）

送り機能（F機能）によって，工具の送り速度を指令する。

① 毎回転送り［mm/rev］の指令（図2－32）
② 毎分送り［mm/min］の指令（図2－33）
③ ねじ切りの送り速度の指令（図2－34）

送り速度の指令は，G99（毎回転送り）のモードか，G98（毎分送り）のモードか，あるいはねじ切りのモードかによって，次のように異なるため注意を要する。

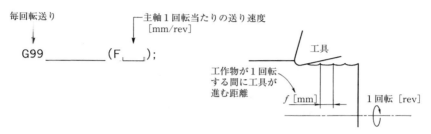

図2－32　毎回転送り

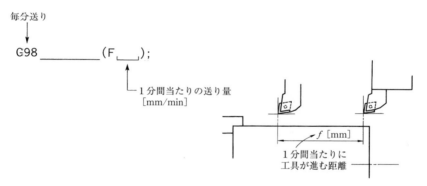

図2－33　毎 分 送 り

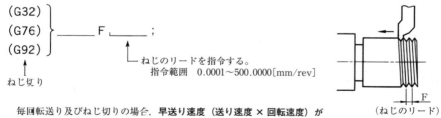

図2－34　ねじ切り送り

G99（毎回転送り）のモードの場合は，アドレス"F"に続いて，1回転当たりの送り速度［mm/rev］を指令する。旋盤では通常G99を使用している。

G98（毎分送り）のモードの場合は，アドレス"F"に続いて，1分間当たりの送り速度［mm/min］を指令する。

なお，電源投入時は，G99の毎回転送りのモードとなっている。したがって，G98を指令しない限り，G99を指令しなくても送り機能は毎回転送りで指令される。

送り速度は，刃先Rと仕上げ面粗さに関係し，要求された仕上げ面粗さにより決められる。図2-35と表2-6に，理論粗さと送り速度及び刃先Rの関係を示す。実際の面粗さは，ほとんどの場合，理論粗さより大きくなる。

また，送り速度と主軸回転速度には次の制限がある。

$$F \leq \frac{V\text{max}}{N}, \quad N \leq \frac{V\text{max}}{F}$$

　　$F$：毎回転送り速度の限界［mm/rev］

　　Vmax：最高送り速度［mm/min］NC装置仕様による

　　N：主軸回転速度［min$^{-1}$］

G32，G76，G92のようなねじ切りの場合は，アドレス"F"に続く数値は，ねじのリード（mm/rev：1条ねじの場合はねじのピッチと同じ値）を指令する。

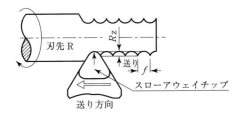

切削加工の理論仕上げ面粗さ $R_z$ ［μm］

$$R_z = \frac{f^2}{8R} \times 1,000$$

　　$f$：被削物1回転当たりの送り［mm/rev］
　　$R$：チップ刃先の刃先R［mm］

図2-35　刃先Rと理論仕上げ面粗さ

表2-6　面粗さと送り速度

送りの単位［mm/rev］

| 算術平均粗さ Ra［μm］ | 最大高さ粗さ Rz［μm］ | 刃先R［mm］ 0.2 | 0.4 | 0.8 | 1.2 |
|---|---|---|---|---|---|
| 6.3 | 25 | 0.2000 | 0.2828 | 0.4000 | 0.4899 |
| 3.2 | 12.5 | 0.1414 | 0.2000 | 0.2828 | 0.3464 |
| 1.6 | 6.3 | 0.1004 | 0.1420 | 0.2008 | 0.2459 |
| 0.8 | 3.25 | 0.0716 | 0.1012 | 0.1431 | 0.1753 |
| 0.4 | 1.6 | 0.0506 | 0.0716 | 0.1012 | 0.1239 |
| 0.2 | 0.8 | 0.0358 | 0.0506 | 0.0716 | 0.0876 |
| 0.1 | 0.4 | 0.0253 | 0.0358 | 0.0506 | 0.0620 |

（注）実際の面粗さは，理論粗さより悪くなる。
　　鋼：理論粗さ×1.5～3倍
　　鋳物：理論粗さ×3～6倍
　　また，テーパ加工の場合は，さらに少し面粗さが悪くなる傾向にある。

## 3.6 補助機能（M機能）

　補助機能（M機能）は，一般に主軸機能のオン／オフ，クーラント（切削油剤）のオン／オフなど機械側の制御を行う場合に指令する。

　補助機能は，アドレス"M"に続いて2桁の数値で指令する。M機能は1ブロックに一つの指令になる。

　NC旋盤の種類によって，補助機能の種類や用途は異なるが，一般に共通して用いられている補助機能を表2-7に示す。

表2-7　補助機能（M機能）一覧

| Mコード | 機能 | 意味 |
|---|---|---|
| M00 | プログラムストップ | プログラムの実行を一時的に停止させる機能。M00のブロックを実行すると，主軸回転の停止，クーラントオフ及びプログラム読み込みを停止する。しかし，モーダルな情報は保存されているため，起動スイッチで再スタートができる。 |
| M01 | オプショナルストップ | 機械操作盤のオプショナルスイッチがオンのとき，M00と同じくプログラムの実行を一時的に停止する。オプショナルスイッチがオフのときはM01は無視される。 |
| M02 | エンドオブプログラム | プログラムの終了を示す。すべての動作が停止してNC装置はリセット状態になる。 |
| M03 | 主軸正転 | 主軸を正転（時計方向の回転）起動させる機能。 |
| M04 | 主軸逆転 | 主軸を逆転（反時計方向の回転）起動させる機能。 |
| M05 | 主軸停止 | 主軸の回転を停止させる機能。 |
| M08 | クーラントオン | クーラント（切削油剤）を吐出させる機能。 |
| M09 | クーラントオフ | クーラントの吐出を停止させる機能。 |
| M23 | チャンファリングオン | ねじ切りサイクルで，ねじの切り上げを行う機能。 |
| M24 | チャンファリングオフ | ねじ切りサイクルで，ねじの切り上げをしない機能。 |
| M30 | エンドオブデータ | M02と同様にプログラムの終了を示す。M30を実行すると自動運転の停止とともに，プログラムのリワインド（プログラムの先頭に戻る）が行われる。 |
| M40～M43 | 三軸変速"L"～"H" | 主軸変速域の低速域から高速域を選択する機能。 |
| M98 | サブプログラム呼び出し | サブプログラムを呼び出し，実行させる機能。 |
| M99 | エンドオブ　　　　サブプログラム | サブプログラムの終了を示し，メインプログラムに切り替える機能。 |

（注）補助機能は，機械の種類やメーカによって様々な機能が設定されている。この表はそのうちの一般に共通していると思われる補助機能を抜粋して示している。表以外の補助機能は，機械の取扱説明書を参照のこと。

## 3.7 工具機能（T機能）

工具機能（T機能）を使用して，工具割出しと工具形状補正及び工具摩耗補正を指令する。工具機能は，アドレス"T"に続いて，図2-36のように工具番号2桁，工具摩耗補正番号2桁で指令する。[4]

### (1) 工具選択

工具番号は，図2-37のように工具を取り付けた刃物台番号に対応させる。工具番号を指令することにより，刃物台が旋回し，工具が割り出される。

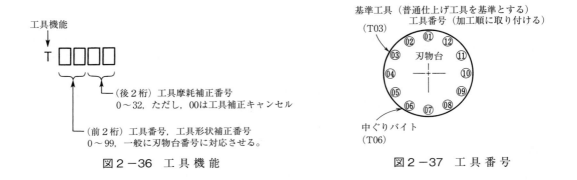

図2-36　工具機能　　　　　　　　図2-37　工具番号

### (2) 工具形状補正番号

工具形状補正番号は，刃先取付位置を機械に設定するための機能である。機械により位置指定方法は異なるが，図2-38に示すように，各切削工具が機械原点にある状態から，加工原点までの距離を工具形状補正量とし，図2-39に示すように，工具番号と同一の工具形状補正番号に入力することで設定される。NC装置では工具形状補正番号が指定されることで，加工原点が認識される。

### (3) 工具摩耗補正

工具形状補正により刃先位置を補正しても，加工条件，工具の摩耗等により実際の加工寸法が得られない。そのため個々の工具に対し，さらに図2-40に示すように，工具摩耗補正により，目的の寸法に仕上げるように補正する。

---

(4) 6桁で指示する工作機械の場合は，刃先R補正番号2桁，工具番号2桁，工具オフセット（工具補正）2桁で指令する。

第3節　各種機能

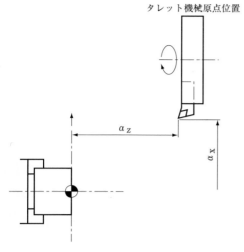

図2-38　工具形状補正番号

図2-39　工具形状補正設定画面

図2-40　工具摩耗補正設定画面

## 第4節　基本動作のプログラム

### 4.1　位置決め（G00）による早送り

　位置決め（G00）の機能によって，工具を現在の位置から指定する位置（X，Z，U，W）まで早送りする。工具が切削していない状態での工具移動は，工具早送りで行う。それを位置決めという。アブソリュート指令は，アドレス"X"，"Z"に続いて，プログラム原点からの座標値を指令する。また，インクレメンタル指令では，アドレス"U"，"W"に続いて，工具の現在位置からの移動方向と距離を指令する。図2－41にプログラム例を示す。

　G00のブロックを実行すると，機械にあらかじめ設定された速度で，工具は早送り移動する。G00の指令で早送りを実行する場合，工具の移動経路は図2－41に示すように，各軸の移動距離に依存するため，指令位置まで直線移動するものではない。

　G00はモーダルなG機能（1回指令すると同一グループのほかのG機能が指令されない限り，次のブロックでも有効になる）である。続けて早送りを指令する場合は，G00を省略できる。

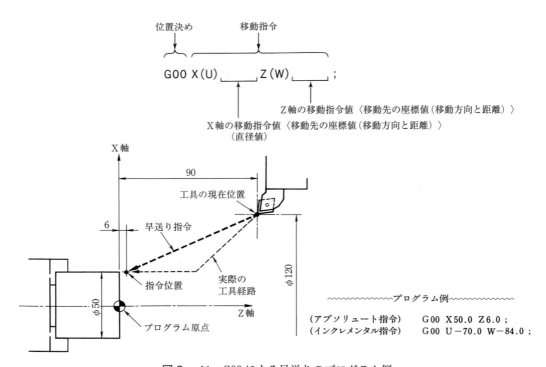

図2－41　G00による早送りのプログラム例

## 4.2 直線補間（G01）による直線切削

　直線補間（G01）の機能によって，工具を現在の位置から指定する位置まで，直線に沿って切削送りする。**直線切削**は，G01に続いて移動先の座標値（又は，方向と距離）及び**送り速度**を指令する。G01のブロックを実行すると，工具は指定した送り速度で切削送りを行う。

　アドレス"X（又はU）"単独の指令で，端面加工，溝加工などのX軸に平行な面の切削を行うことができる。アドレス"Z（又はW）"単独の指令で，外径・内径加工，ドリル加工などZ軸に平行な面の切削を行うことができる。また，2軸同時に指令を与えると，図2－42のようなテーパ切削ができる。

　図2－42で示す"F0.25"は，1回転当たり0.25mmの送り速度を指令している。送り速度を指令しなければ，以前に指令されている送り速度が有効となる。このように，既に指令されている情報がメモリに保持されることをモーダルと呼んでいる。モーダルな情報は新たな機能に更新されない限り有効である。G01はモーダルなG機能である。続けて直線切削を指令する場合は，G01を省略できる。

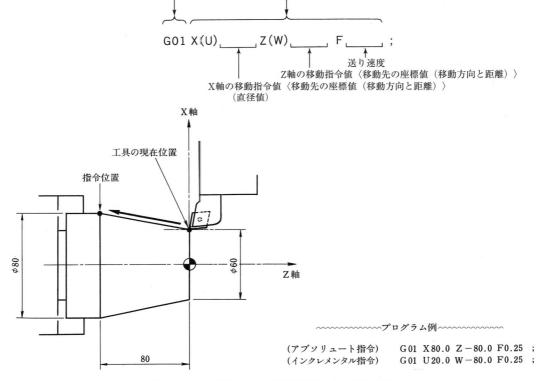

図2－42　G01による直線切削のプログラム例

## 4.3 円弧補間（G02，G03）による円弧切削

図2-43に示す円弧補間（G02時計方向，G03反時計方向）の機能によって，工具を現在の位置から指定する位置（X（U）＿ Z（W）＿）まで，円弧に沿って切削送りする。円弧切削の指令は，円弧の終点位置及び円弧半径（R＿）（図2-44）又は始点から円弧中心までの距離（I＿ K＿）（図2-45，図2-46）を指定する。表2-8に円弧切削の指令内容を示す。

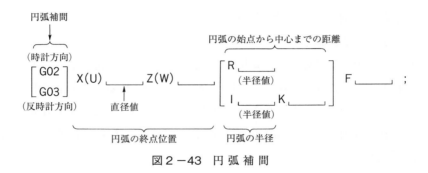

図2-43　円弧補間

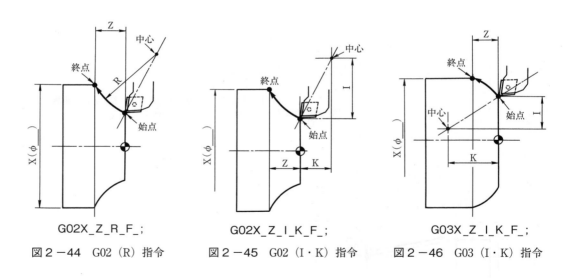

　　G02X_Z_R_F_;　　　　　G02X_Z_I_K_F_;　　　　G03X_Z_I_K_F_;
図2-44　G02（R）指令　　図2-45　G02（I・K）指令　図2-46　G03（I・K）指令

第4節 基本動作のプログラム

表2−8 円弧補間の指令内容

| 項 目 | | 指 令 | 意 味 |
|---|---|---|---|
| 回転方向 | | G02 | 時計方向（CW：右回り） |
| | | G03 | 反時計方向（CCW：左回り） |
| 終点の位置 | アブソリュート指令 | X, Z | ワーク座標系での終点位置 |
| | インクレメンタル指令 | U, W | 始点から終点までの方向と距離（Uは直径値で指定する） |
| 始点から中心までの方向と距離 | | I, K | 始点から中心までの方向と距離（常に半径値で指令する） |
| 円弧の半径 | | R | 円弧の半径（常に正の値で指令する） |
| 送り速度 | | F | 円弧に沿った送り速度 |

　図2−47のプログラム例で示すように，円弧切削のプログラムには4通りの方法がある。
　なお，円弧の終点位置の座標値を指令しなければ，アドレス"I・K"で指令する半径で，360°の全円加工を指令したのと同じになる。また，円弧始点から円弧中心までの距離I・Kは，指令値が0（I0 又はK0）のときは省略できる。
　G02，G03はモーダルなG機能である。続けて同じ方向の円弧切削を指令する場合は省略できる。

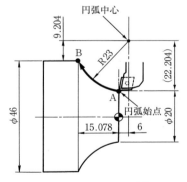

① アブソリュート，I・K指令
　　G02 X46.0 Z−15.078 I22.204 K6.0 F0.25；
② インクレメンタル，I・K指令
　　G02 U26.0 W−15.078 I22.204 K6.0 F0.25；
③ アブソリュート，R指令
　　G02 X46.0 Z−15.078 R23.0 F0.25；
④ インクレメンタル，R指令
　　G02 U26.0 W−15.078 R23.0 F0.25；

図2−47 円弧切削のプログラム例

## 4.4 ねじ切り（G32）によるねじ切削

　G32の機能によって，図2−48のストレートねじや図2−49のテーパねじの加工を行える。
　一般にねじを切るときは，ねじ切り用工具1本で荒削りから仕上げ削りまで，何回も同じ経路を通るため，円周上の切り始めの位置は，同じでなければならない。ねじ切りは，送りオーバライド（プログラムで設定した送り速度を手動で速くしたり，遅くしたりする機能）が

—59—

100％に固定される。ねじ切り中に回転数を変えてはいけない。また，周速一定制御（G96）ではなく回転速度一定（G97）で行い，ねじのリードがずれないようにする。基本的に材料を外さない限り，同一経路を通り，山がずれることはない。

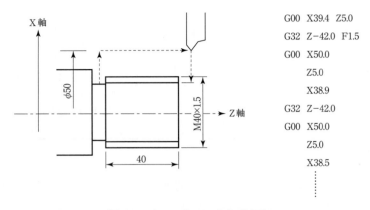

図2-48　ストレートねじ切り

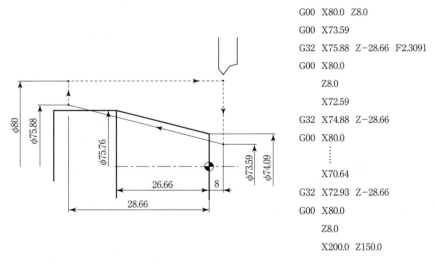

図2-49　テーパねじ切り

## 4.5　原点復帰（G28）による自動原点復帰

　原点復帰（G28）の機能によって，機械座標系原点に工具を自動復帰させることを，自動原点復帰という。

　G28のブロックを実行すると，工具は中間点を経由して，早送りで機械座標系原点に移動する。中間点とは，図2-50に示すように，機械座標系原点に工具が復帰をする途中に設定された位置のことである。

第4節　基本動作のプログラム

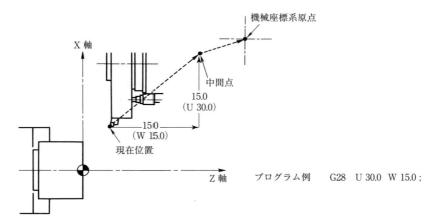

図2−50　中間点を経由した自動原点復帰

　自動原点復帰は，G28に続いて，アドレス"X（又はU）"，"Z（又はW）"で中間点の座標値を指令する。一般的には図2−51に示すように，現在位置からの原点復帰を行う（現在位置を経由して原点復帰を行う）。
　電源投入後，原点復帰をすることにより，機械座標系原点を中心とした機械座標系が設定される。したがって，電源投入後は必ず原点復帰を行うようにする。
　プログラミングの際は，プログラム番号指定ブロックの次に自動原点復帰を行う。

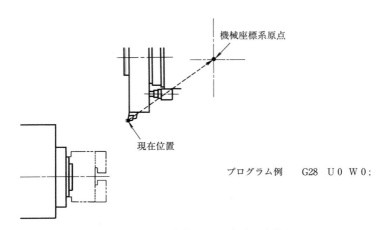

図2−51　現在位置から自動原点復帰

## 4.6 ドウェル（G04）による送り一時停止

図2-52に示すドウェル（G04）の機能によって，設定した時間だけ送りを停止させることができる。

ドウェルは，図2-53に示すように，溝加工あるいはドリル加工など，溝底や穴底で工具の送りを一時停止させたい場合などに使用する。

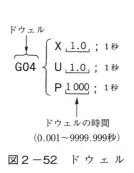

図2-52　ドウェル

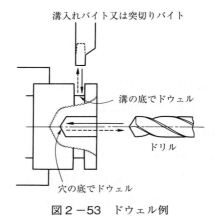

図2-53　ドウェル例

## 第2章のまとめ

1．図2-54から図2-57に示す工具経路を，G00，G01を使ってプログラミングしなさい。
　なお，図中で----は早送り，———は切削送りを表す。また，切削送りは0.25mm/revとする。

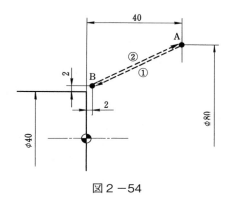

〔アブソリュート指令〕
① A→B（　　　　　）
② B→A（　　　　　）

図2-54

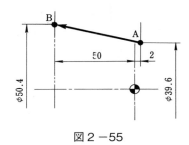

① アブソリュート指令　　A→B（　　　　　）
② インクレメンタル指令　A→B（　　　　　）

図2-55

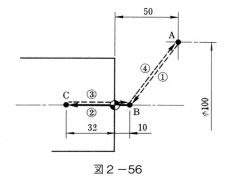

〔アブソリュート指令〕
① A→B（　　　　　）
② B→C（　　　　　）
③ C→B（　　　　　）
④ B→A（　　　　　）

図2-56

— 63 —

第2章　プログラミングの基礎

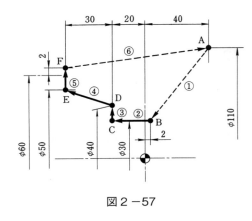

〔アブソリュート指令〕
① A → B （　　　　　）
② B → C （　　　　　）
③ C → D （　　　　　）
④ D → E （　　　　　）
⑤ E → F （　　　　　）
⑥ F → A （　　　　　）

図2-57

2．図2-58で示す①～⑥の工具経路を，G00，G01を使ってプログラミングしなさい。
なお，図中で - - - - は早送り，――― は切削送りを表す。また，送り速度は0.25mm/rev（F0.25）とし，一度設定した送り速度は，途中での変更を行わない。

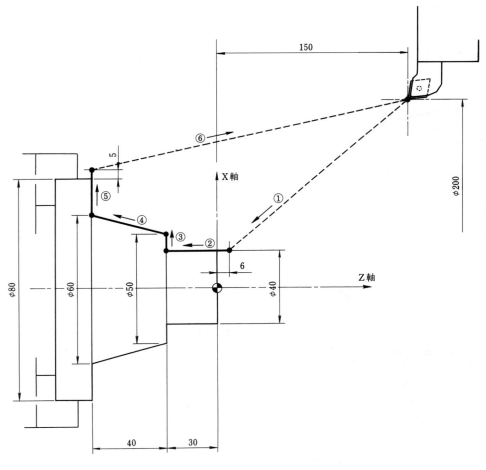

図2-58

〔アブソリュート指令〕　　　　　　　〔インクレメンタル指令〕
　　　　　　　　　　　　　①
　　　　　　　　　　　　　②
　　　　　　　　　　　　　③
　　　　　　　　　　　　　④
　　　　　　　　　　　　　⑤
　　　　　　　　　　　　　⑥

3．図2-59から図2-63に示す工具経路を，アブソリュート指令でプログラミングしなさい。なお，図中で----は早送り，―――は切削送りを表す。また，送り速度はF0.25とする。

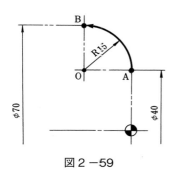

①　A→B，I・K指令（　　　　　　　）
②　A→B，R指令　　（　　　　　　　）

図2-59

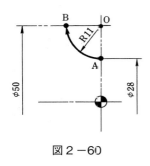

①　A→B，I・K指令（　　　　　　　）
②　A→B，R指令　　（　　　　　　　）

図2-60

— 65 —

第2章 プログラミングの基礎

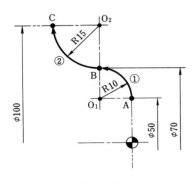

① A→B, I・K指令 （　　　　　　　）
② B→C, I・K指令 （　　　　　　　）

図2-61

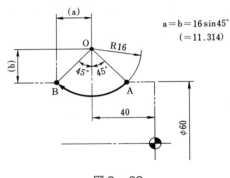

① A→B, I・K指令 （　　　　　　　）
② A→B, R指令 　（　　　　　　　）

図2-62

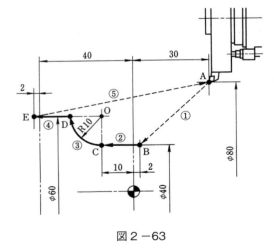

① A→B　　　　　（　　　　　　　）
② B→C　　　　　（　　　　　　　）
③ C→D, R指令　（　　　　　　　）
④ D→E　　　　　（　　　　　　　）
⑤ E→A　　　　　（　　　　　　　）

図2-63

4. 図2-64に示す①～⑨の工具経路を，プログラミングしなさい。
なお，図中で----は早送り，———は切削送りを表す。また，送り速度はF0.25とする。

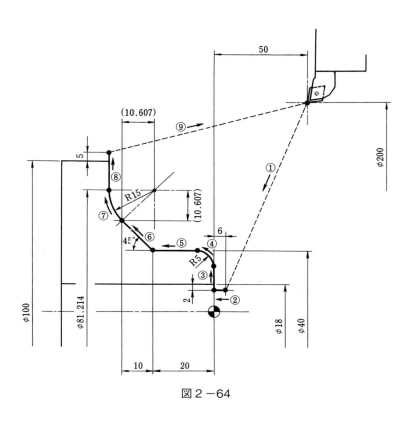

図2-64

〔アブソリュート（I・K）指令〕　　　　　　　〔アブソリュート（R）指令〕

①
②
③
④
⑤
⑥
⑦
⑧
⑨

第2章　プログラミングの基礎

5．図2-65に示す工具経路をプログラミングすると表2-9のプロセスシートのようになる。各ブロックの意味を，記入例にならって解答欄に記入しなさい。

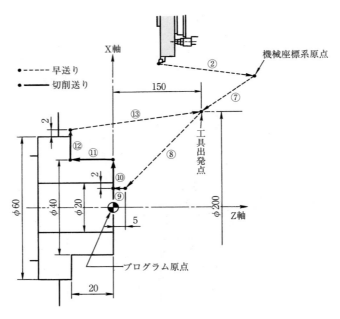

図2-65

表2-9　プロセスシート

|     | O/N    | G    | X（U）  | Z（W）  | F     | S     | T     | M    | CR |
|-----|--------|------|--------|--------|-------|-------|-------|------|----|
| ①   | O0001  |      |        |        |       |       |       |      | ;  |
| ②   |        | G28  | U0     | W0     |       |       |       |      | ;  |
| ③   |        | G50  |        |        |       | S3000 |       |      | ;  |
| ④   | N1     |      |        |        |       |       |       |      | ;  |
| ⑤   |        |      |        |        |       |       | T0101 | M42  | ;  |
| ⑥   |        | G96  |        |        |       | S150  |       | M03  | ;  |
| ⑦   |        | G00  | X200.0 | Z150.0 |       |       |       | M08  | ;  |
| ⑧   |        |      | X16.0  | Z5.0   |       |       |       |      | ;  |
| ⑨   |        | G01  |        | Z0     | F0.15 |       |       |      | ;  |
| ⑩   |        |      | X40.0  |        |       |       |       |      | ;  |
| ⑪   |        |      |        | Z-20.0 |       |       |       |      | ;  |
| ⑫   |        |      | X64.0  |        |       |       |       |      | ;  |
| ⑬   |        | G00  | X200.0 | Z150.0 |       |       |       | M09  | ;  |
| ⑭   |        |      |        |        |       |       |       | M01  | ;  |

— 68 —

【解　答　欄】
① プログラム番号を指令する
② (　　　　　　　　　　　　　　　　　　　　　　　　　　　)
③ (　　　　　　　　　　　　　　　　　　　　　　　　　　　)
④ シーケンス番号
⑤ (　　　　　　　　　　　　　　　　　) 主軸変速域（M42）
⑥ (　　　　　　　　　　　　　　　　　　　　　　　　　　　)
⑦ (　　　　　　　　　　　　　　　　　　　　　　　　　　　)
⑧ (　　　　　　　　　　　　　　　　　　　　　　　　　　　)
⑨ (　　　　　　　　　　　　　　　　　　　　　　　　　　　)
⑩ (　　　　　　　　　　　　　　　　　　　　　　　　　　　)
⑪ (　　　　　　　　　　　　　　　　　　　　　　　　　　　)
⑫ (　　　　　　　　　　　　　　　　　　　　　　　　　　　)
⑬ (　　　　　　　　　　　　　　　　　　　　　　　　　　　)
⑭ オプショナルストップ（プログラムの一時停止）

6．図2-66に示す工具経路のプログラムを，指定する切削条件でプログラミングしなさい。

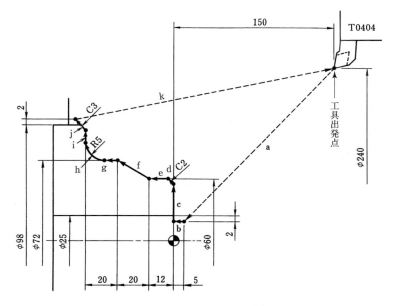

図2-66

第2章　プログラミングの基礎

① プログラム番号の指定（　　　　　　　　　　　　　　　　　　　　　　　　　　　　）
② シーケンス番号（　　　　　　　　　　　　　　　　　　　　　　　　　　　　　　　）
③ 主軸最高回転速度の制限（　　　　　　　　　　　　　　　　　　　　　　　　　　　）
④ 工具の割り出し（　　　　　　　　　　　　　　　　　　　　　　　　　　　　　　　）
⑤ 切削速度一定制御，主軸正転（　　　　　　　　　　　　　　　　　　　　　　　　　）
⑥ 工具出発点位置決め，クーラントオン（　　　　　　　　　　　　　　　　　　　　　）
⑦ a（　　　　　　　　　　　　　　　　　　　　　　　　　　　　　　　　　　　　　）
⑧ b（　　　　　　　　　　　　　　　　　　　　　　　　　　　　　　　　　　　　　）
⑨ c（　　　　　　　　　　　　　　　　　　　　　　　　　　　　　　　　　　　　　）
⑩ d（　　　　　　　　　　　　　　　　　　　　　　　　　　　　　　　　　　　　　）
⑪ e（　　　　　　　　　　　　　　　　　　　　　　　　　　　　　　　　　　　　　）
⑫ f（　　　　　　　　　　　　　　　　　　　　　　　　　　　　　　　　　　　　　）
⑬ g（　　　　　　　　　　　　　　　　　　　　　　　　　　　　　　　　　　　　　）
⑭ h（　　　　　　　　　　　　　　　　　　　　　　　　　　　　　　　　　　　　　）
⑮ i（　　　　　　　　　　　　　　　　　　　　　　　　　　　　　　　　　　　　　）
⑯ j（　　　　　　　　　　　　　　　　　　　　　　　　　　　　　　　　　　　　　）
⑰ k（工具出発点位置決め）クーラントオフ（　　　　　　　　　　　　　　　　　　　）
⑱ オプショナルストップ（　　　　　　　　　　　　　　　　　　　　　　　　　　　　）

# 第3章
# その他の便利な機能と
# プログラミング手法

前章ではプログラムの基礎を学び，簡単な
プログラムを作成できるようになった。

この章では，実際に NC 旋盤で製品を作成
するために知らなくてはならない機能の紹介
とプログラミング手法について学ぶ。

この章での理解を深めることで，寸法精度
の向上と加工時間の短縮につながるプログラ
ムの作成ができる。

第3章 その他の便利な機能とプログラミング手法

# 第1節　便利な機能

## 1.1　刃先R補正機能（G40, G41, G42）

　刃先R補正機能（G40, G41, G42）の指令により，工具の切れ刃先端部にある刃先Rによって生じる形状誤差を自動補正する。
　一般に，工具の先端部には**刃先R**があるため，プログラムで指令している刃先位置は，図3－1のように（黒い部分には刃がない）実際には存在しない。そして，この刃先位置を**仮想刃先**と呼ぶ。

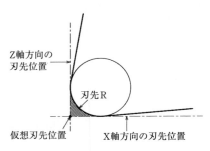

図3－1　仮想刃先

　刃先Rを考慮せず（位置をずらさないで），図面上のポイントを指令すると，図3－2に示すように，X軸やZ軸に平行あるいは垂直な部分ではプログラムどおりの加工が行われるが，テーパ切削や円弧切削，あるいは工作物の回転中心付近では削り残しや削りすぎを生じる。
　このため，図3－3のように刃先Rを補正した工具経路を指令する必要がある。

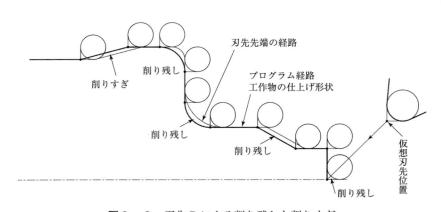

図3－2　刃先Rによる削り残しと削りすぎ

－72－

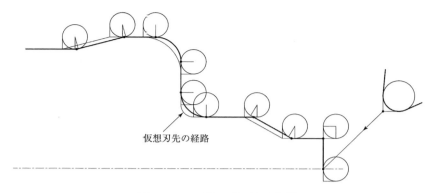

図3-3 刃先R補正した経路

　テーパ切削では図3-4に示すように，刃先Rを補正した工具経路を指令する。同様に，円弧切削でも，図3-5に示すように，刃先Rを補正した工具経路を指令する。

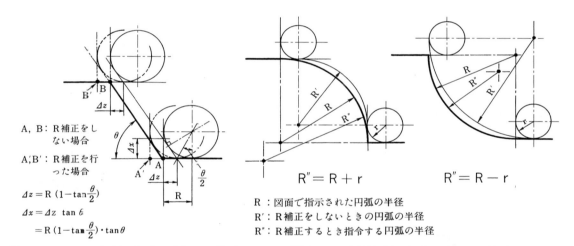

図3-4 テーパ切削における刃先Rの補正　　図3-5 円弧切削における刃先Rの補正

　刃先Rの補正量を手計算で行い，プログラミングした例を図3-6と図3-7に示すが，このように補正量を手計算で行いながら，刃先Rを考慮したプログラミングを行うのは非常に手間がかかる。これに対して，**刃先R補正機能**は，NC装置が刃先Rの補正量を計算しながら，工作物の形状どおりの工具経路を生成する機能である。

　刃先R補正機能は，補助機能の，G41，G42，(G40)を指令することによって，刃先Rの補正モードが設定される。

① **G40（刃先R補正キャンセル）**：刃先R補正を解除し，プログラム経路上に仮想刃先位置を戻す。

第3章　その他の便利な機能と プログラミング手法

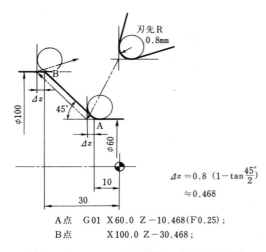

$\Delta z = 0.8\left(1 - \tan\dfrac{45°}{2}\right)$
　　$\fallingdotseq 0.468$

A点　G01 X60.0 Z-10.468(F0.25);
B点　　　X100.0 Z-30.468;

図3-6　テーパ部の刃先R補正量の計算

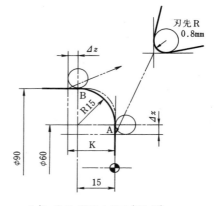

A点　G01 X58.4 Z0(F0.25);
B点　G03 X90.0 Z-15.8 K-15.8;

図3-7　円弧部の刃先R補正量の計算

② **G41（刃先R補正（左））**：プログラム経路の進行方向に対し，工作物の左側で刃先R補正を行う．
③ **G42（刃先R補正（右））**：プログラム経路の進行方向に対し，工作物の右側で刃先R補正を行う．

工作物の左側を工具が進行する場合にはG41を，工作物の右側を工具が進行する場合にはG42を指令する．G41, G42を実行すると，刃先Rの補正モードとなり，図3-8のように，

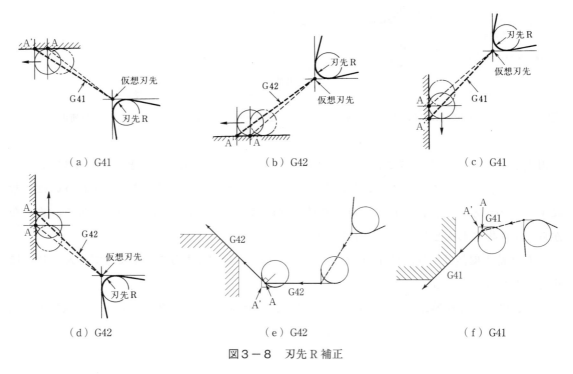

図3-8　刃先R補正

工具は常に移動指令位置の工作物に対して，補正前の仮想刃先位置Aから刃先Rによって補正された位置A'に位置決めされる。

　G40は，G41及びG42で設定された刃先Rの補正モードをキャンセルする指令で，G40を実行すると刃先Rの補正はキャンセルされて，仮想刃先位置が指令値どおりの位置決めされる。

　刃先Rの補正量は，図3－9のようなNC装置の工具補正量設定画面で，工具機能で指令している工具補正番号に対応する行に，刃先R補正量及び仮想刃先番号を入力する。

　刃先R補正量は，工具の刃先Rの大きさを入力する。また，仮想刃先番号は，工具刃先の形状・用途に従って，図3－10で示す0～9の数値のうちから選択して入力する。

　工具の仮想刃先と実際の工具切れ刃形状との対応を図3－11に示す。

　工具に仮想刃先番号を設定すると，設定された仮想刃先位置を基準にして，刃先Rが自動

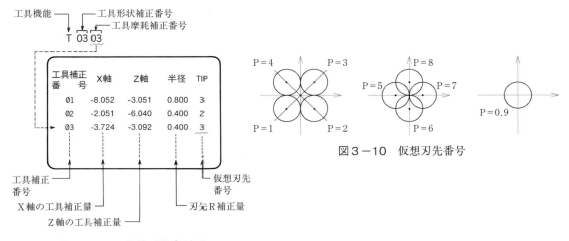

図3－9　工具補正設定画面　　　　図3－10　仮想刃先番号

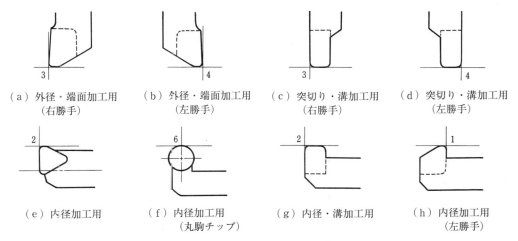

図3－11　工具切れ刃形状と仮想刃先番号位置

— 75 —

補正されることになる。

刃先R補正のプログラミングは，一般に図3-12のように行う。

図3-13と図3-14のように，工具の移動開始のブロックにG42（又は，G41）を指令する。このG42（又は，G41）が指令されたブロックを，**スタートアップのブロック**と呼んでおり，スタートアップのブロックを実行するとG41（又は，G42）の補正モードとなり，工具は刃先Rだけ補正された位置に位置決めされる。以後は，これまでのように加工形状に従って，工具移動の座標値を指令する。加工を終了して，工具を工作物から逃がすブロックには，G40

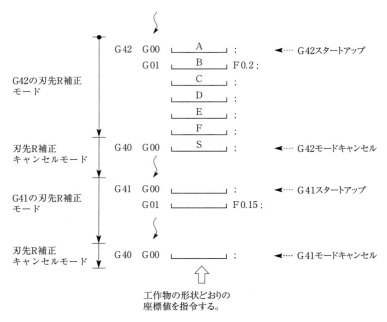

図3-12　プログラム例

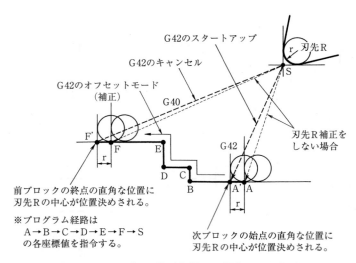

図3-13　刃先R補正を行った場合の工具経路

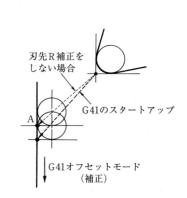

図3-14　G41モードの場合の
スタートアップ動作

の刃先R補正キャンセルを指令する。G40のブロックを実行すると，刃先R補正は解除され，工具は加工開始位置に戻る。

刃先R補正では，次のことを留意してプログラミングを行う。

① 刃先R補正のスタートアップは，円弧切削のブロックでは指令できない。G00又はG01のブロックでスタートアップを行う。

② 刃先R補正は，必ずG40で刃先R補正をキャンセルして終了させる。G40が実行されないと，工具は刃先Rの補正量だけずれた位置に位置決めされる。また，原点復帰が正しくできず，タレット旋回ができない。

③ 刃先Rの補正モード中に，工具の移動を伴わないブロックが二つ以上あると，工具は前のブロックの終点に垂直な位置に位置決めされ，図3－15のように，食い込みと削りすぎを生じることがある。

④ 工作物の端面部の削り残しを防止するには，図3－16のように，内径寸法よりも刃先R以上のA点に工具が位置決めされるようにスタートアップのブロックを指令する。

⑤ 加工の終端位置にチャックや工作物などの壁がある場合にG40を指令するときは，図3－16のように，壁から刃先R以上離れたB点の位置でG40を指令する。

⑥ 図3－17のように，E点からの壁の位置でG40を指令したい場合は，壁に沿って刃先R以上の工具の動作を指令したのちに，E点の位置でG40を指令する。

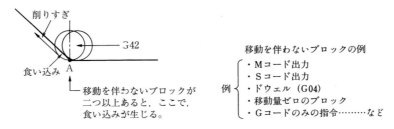

図3－15　食い込みが起きる例

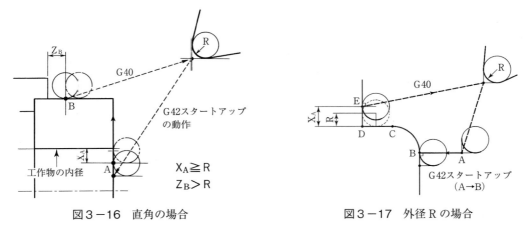

図3－16　直角の場合　　　　　図3－17　外径Rの場合

第3章 その他の便利な機能とプログラミング手法

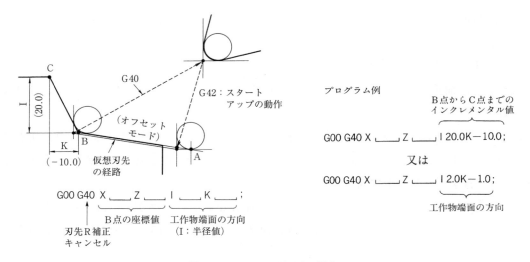

図3-18 テーパ加工の場合

⑦ 図3-17のように，円弧切削開始点よりも，刃先R以上離れた位置（B点）に工具が位置決めされるように，スタートアップのブロックを指令する。

⑧ 図3-18のように，壁が斜面になっている場合に，G40を指令すると食い込みが生じる。この場合は，G40のブロックにアドレス"I"，"K"で斜面の方向を指令しておくと食い込みを防止できる。

⑨ 図3-19のように，工具経路でポケットができる場合は，刃先Rの2倍以上の大きさのポケットができるように，工具経路を指令する。

⑩ 図3-20及び図3-21のような場合には，刃先Rの補正モードを切り替える必要がある。補正モードの切り替えは，工具が工作物から逃げる動作のブロックで行う。

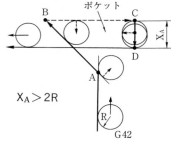

図3-19 ポケットの場合

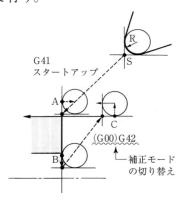

図3-20 スタートアップを先にした場合

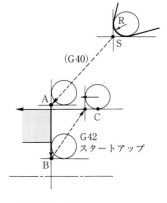

図3-21 端面加工後のスタートアップの場合

刃先補正のプログラム例を図3-22に示す。

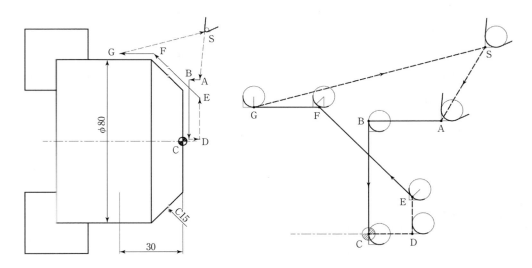

```
O0001 ;
N1 ;
G50 S2000 ;
G00 T0101 ;
G96 S180 M03 ;
X55.0 Z5.0 M08 ;         点A (X55.0, Z5.0) に早送りで位置決め

G41 G01 Z0 F1.0 ;        1.0mm/revの送り速度で点Bに移動
                         G41が指令されているため，このブロックがスタートアップになる。
                         工具の進行方向左側に工具が補正される。

X0 F0.15 ;               0.15mm/revの送り速度で点Cまで切削
                         次のブロックがキャンセルモードなので，
                         C点の法線位置に刃先R中心がくる。

G40 G00 Z1.0 ;           早送りで点Dに移動
                         G40が指令されているため，このブロックがキャンセルモードになる。

G42 X48.0 ;              早送りで点Eに移動
                         G42が指令されているため，終点では次のブロックでの指示線進行方向
                         右側に補正されるところまで移動する。

G01 X80.0 Z-15.0 ;       0.15mm/revの送り速度で点Fまで切削

Z-30.0 ;                 直線送りで点Gまで切削

G40 G00 U1.0 Z20.0 ;     工具を逃がすために早送りで点Sに移動
                         G40が指令されているため，このブロックがキャンセルモードになる。
X150.0 Z100.0 M09 ;
M01 ;
```

図3-22　刃先R補正のプログラム例

## 1.2　単一形固定サイクル（G90，G92，G94）

　外径・内径，端面，ねじ切りなどの荒切削では，工具に切り込みを与えながら一定の動作を繰り返し，工作物を所定の寸法に切削する。この場合，工具の動作を一つひとつプログラミン

-79-

第3章　その他の便利な機能と プログラミング手法

グすると，非常にたくさんのブロックが必要になる。そこで，プログラミングを簡略化するために，NC装置は，工具の繰返し動作を1ブロックで指定できる機能を備えている。この機能を**固定サイクル**という。

固定サイクルには，表3－1で示すように，**単一形固定サイクル**と**複合形固定サイクル**がある。複合形固定サイクルは後述することとし，ここでは，単一形固定サイクルのプログラミングについて説明する。

表3－1　固定サイクル

| | Gコード | 機　　能 | 意　　味 |
|---|---|---|---|
| 単一形固定サイクル | G90 | 外径・内径切削サイクル | 外径・内径の段付け加工やテーパ加工を行う固定サイクル。 |
| | G92 | ねじ切りサイクル | ねじ切りを行う固定サイクル。 |
| | G94 | 端面切削サイクル | 端面の段付け加工やテーパ加工を行うサイクル。 |
| 複合形固定サイクル | G70 | 仕上げサイクル | G71，G72，G73で削り残した仕上げ代を切削し，所定寸法に工作物を仕上げる固定サイクル。 |
| | G71 | 外径・内径荒削りサイクル | 工作物の仕上げ形状に沿って外径・内径の荒切削を行う固定サイクル。 |
| | G72 | 端面荒削りサイクル | G71と同じ機能をもつ固定サイクル。ただし，G71はZ軸に沿って切削を行うが，G72はX軸に沿って切削を行う。 |
| | G73 | 閉ループ切削サイクル | 工作物の仕上げ形状と同じ工具経路をたどりながら荒切削を行う固定サイクル。 |
| | G74 | 端面突切りサイクル・深穴ドリルサイクル | 送り動作を断続して行い，切りくずの分断を強制的に行う固定サイクル。一般には，ドリルなどによる深穴加工に利用される。 |
| | G75 | 外径・内径溝入れサイクル・突切りサイクル | G74と同じ機能をもつ固定サイクル。ただし，G74がZ軸に平行な切削を行うのに対し，G75はX軸に平行な切削を行う。一般には，溝加工での切りくず分断処理を行う場合に利用される。 |
| | G76 | 複合形ねじ切りサイクル | ねじ切りにおいて，切込み量を自動的に調整しながら荒切削から仕上げ切削までのねじ切りを行う固定サイクル。 |

## （1）外径・内径切削サイクル（G90）

図3－23に示す外径・内径切削サイクルは，段付け加工やテーパ加工などで，荒切削を繰り返し行う場合に利用する。

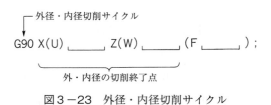

図3－23　外径・内径切削サイクル

外径・内径切削サイクルのプログラミングは，G90に続いて外径あるいは内径の切削終了点及び送り速度を指令する。送り速度を指令しなければ，それ以前に指令されている送り速度が有効になる。サイクル動作を図3-24に示す。

G90指令の直前までの位置がサイクルスタート点となり，G90により終了点を指示するだけで，①位置決め，②③切削，④スタート点復帰のサイクルになる。G90のプログラム例を図3-25に示す。

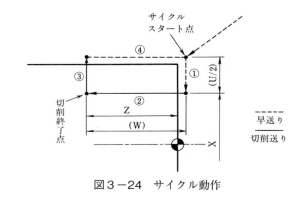

図3-24 サイクル動作

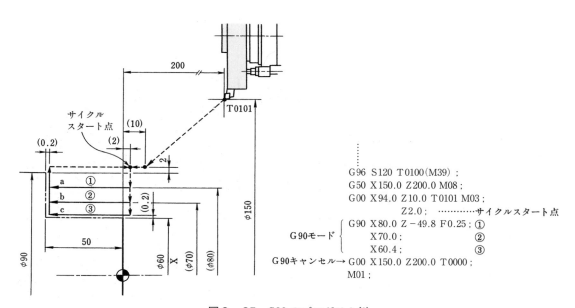

図3-25 G90のプログラム例

G90はモーダルなG機能であり，続いて指令する場合はG90を省略することができる。また，G00のブロックが実行されると，G90のモードはキャンセルされる。

固定サイクルでは，同一サイクルスタート点へ戻ることになるが，その都度キャンセルすることで，切削終了点からの切り上がり部の重複がなくなり，切削工具の摩耗を減らし，時間的にも短縮される。

　　　　G90 X80.0 Z-49.8 F0.25；①
　　　　G00 X82.0；
　　　　G90 X70.0 Z-49.8；②

G00 X72.0；
G90 X60.4 Z－49.8；③
G00 X150.0 Z200.0 T0000；

　図3－26や図3－27のように，テーパの大きさと方向を指令すると，テーパの外径・内径切削サイクルになる。テーパの大きさは，アドレス"I"でテーパの半径差を指令し，テーパの方向は，図3－28に従って"I"の指令値に正負の符号を付けて表す。テーパ切削のプログラム例を図3－29に示す。

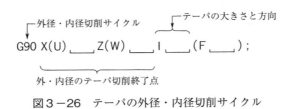

図3－26　テーパの外径・内径切削サイクル

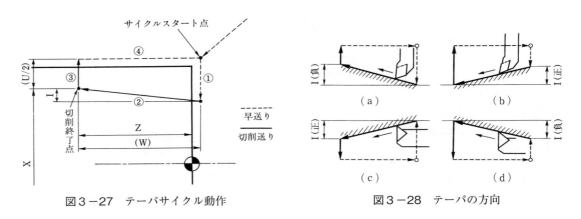

図3－27　テーパサイクル動作　　　　図3－28　テーパの方向

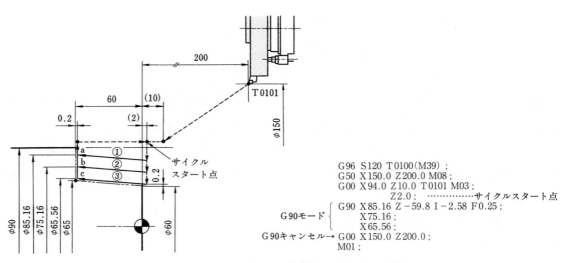

図3－29　G90（テーパ切削）のプログラム例

## （2）端面切削サイクル（G94）

図3-30の端面切削サイクルは，段付け加工やテーパ加工などにおいて，端面切削を繰り返す場合に利用する。端面切削サイクルは，基本的な動作はG90と同じであり，加工する方向が異なるだけである。

端面切削サイクルのプログラミングは，G94に続いて端面の切削終了点及び送り速度を指令する。送り速度を指令しなければ，それ以前に指令されている送り速度が有効になる。サイクル動作を図3-31に示す。

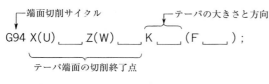

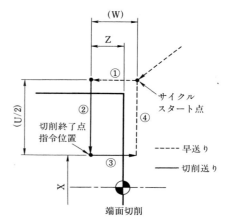

図3-30　テーパの端面切削サイクル　　　　　図3-31　サイクル動作

G94はモーダルなG機能であり，続いて指令する場合はG94を省略できる。また，G00のブロックが実行されると，G94のモードはキャンセルされる。G94のプログラム例を図3-32に示す。

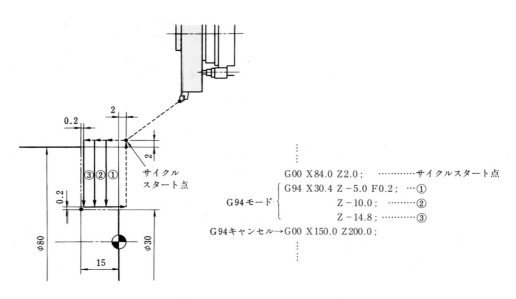

図3-32　G94のプログラム例

第3章　その他の便利な機能と プログラミング手法

　テーパの大きさと方向を指定すると，図3-33に示すように，テーパの端面切削サイクルになる。テーパの大きさはアドレス"K"でZ軸方向のテーパの寸法差を指令し，テーパの方向は，図3-34に従って"K"の指令値に正負の符号を付けて表す。

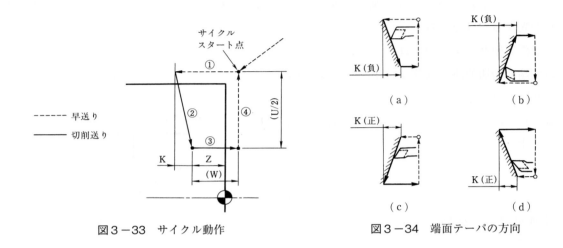

図3-33　サイクル動作　　　　　　　　図3-34　端面テーパの方向

### (3) ねじ切りサイクル (G92)

　準備機能G92の指令によって，図3-35に示すように，ねじ切りサイクルをプログラミングすることができる。

　ねじ切りサイクルは，G92に続いて，ねじ切り終了点及びねじのリード（1条ねじの場合はピッチ）を指令する。ねじ切りサイクルを図3-36と図3-37に示す。

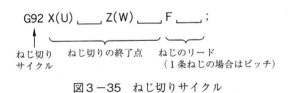

図3-35　ねじ切りサイクル

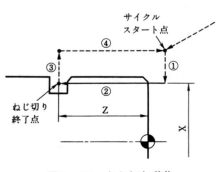　　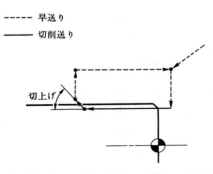

図3-36　ねじ切り動作　　　　　　図3-37　チャンファリングオンの場合のねじ切り動作

ねじ切りサイクルのプログラミングは，図3－38のプログラム例で示すように，G92のブロックに続いて，ねじ切り1回ごとの切込み量を指定するブロックで構成する。

　G92はモーダルなG機能であり，続いて指令する場合はG92を省略することができる。また，G00のブロックが実行されると，G92のモードはキャンセルされる。

　なお，ねじの切り上げ（チャンファリング）の有無は，補助機能のM23，M24で指令する（スイッチでオン／オフする場合もある）。M23がチャンファリングオン，M24がチャンファリングオフとなる。M23を指定する場合，工具の切上げ角度又は切上げ長さはパラメータにより設定される。

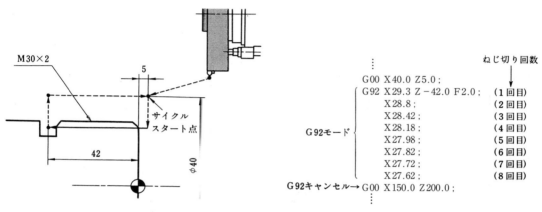

図3－38　G92のプログラム例

　ねじ切りにおいて注意しなければならないことの一つに，不完全ねじ部がある。切削工具の移動開始終了には，送り速度の加減速があるため，目的の送り速度になるためには，ある程度の長さが必要になり，加減速中にねじ切り加工をすると，リードの不完全なねじ部ができる。そのため，ねじ切り加工の切り始めと切り終わり部分に図3－39に示す$L_1$，$L_2$のような，余裕をもたせたねじ切りサイクルにしなければならない。

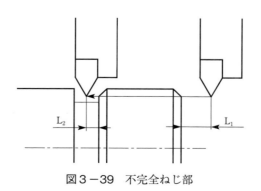

図3－39　不完全ねじ部

$$L_1 = \frac{N \times P}{K_1} \qquad L_2 = \frac{N \times P}{K_2}$$

$L_1$：切り始めの不完全部［mm］

$K_1$：加速時定数からの係数（機械により変わる　例：500）

$L_2$：切り終わりの不完全部［mm］

$K_2$：減速時定数からの係数（機械により変わる　例：1,820）

$N$：回転速度［$\text{min}^{-1}$］

$P$：ねじのリード［mm］

　ねじ部の寸法を図3-40に示す。おねじとめねじでは総切込み量が異なる。総切込み量の計算式は，次のようになる。

　おねじ総切込み量　　$H_2 = H_1 + \sigma_1 +$ 仕上げ代

　めねじ総切込み量　　$H_3 = H_1 + \sigma_2 +$ 仕上げ代

$$H_1 = \frac{5}{16}\sqrt{3}\,P \qquad \sigma_1 = \sigma_2 = \frac{R}{2}$$

$P$：ピッチ［mm］　　$R$：刃先半径［mm］

仕上げ代は，さらい刃付きねじ切りバイト使用時に必要となる。ねじ切りは通常数回のパスに分けて加工する。参考として，表3-2にねじ切りにおける切込み量と切込み回数を示す。

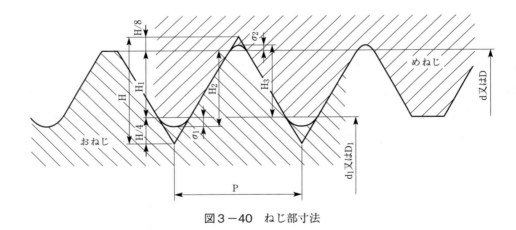

図3-40　ねじ部寸法

第1節　便利な機能

表3－2　おねじ切りの切込み量と切込み回数

(さらい刃付きチップ参考値)

| ピッチ | | 0.75 | 1.00 | 1.25 | 1.50 | 1.75 | 2.00 | 2.50 | 3.00 |
|---|---|---|---|---|---|---|---|---|---|
| | | 切込み量（半径値）（仕上げ代 0.05～0.08 を含む [注]） | | | | | | | |
| 切込み回数 | 1 | 0.20 | 0.25 | 0.25 | 0.30 | 0.30 | 0.30 | 0.35 | 0.35 |
| | 2 | 0.12 | 0.20 | 0.20 | 0.25 | 0.25 | 0.25 | 0.30 | 0.30 |
| | 3 | 0.10 | 0.13 | 0.15 | 0.20 | 0.20 | 0.20 | 0.25 | 0.25 |
| | 4 | 0.10 | 0.10 | 0.14 | 0.15 | 0.16 | 0.20 | 0.20 | 0.20 |
| | 5 | 0.05 | 0.05 | 0.10 | 0.10 | 0.15 | 0.15 | 0.15 | 0.20 |
| | 6 | | | 0.05 | 0.05 | 0.10 | 0.12 | 0.15 | 0.15 |
| | 7 | | | | | 0.05 | 0.10 | 0.13 | 0.15 |
| | 8 | | | | | | 0.05 | 0.10 | 0.15 |
| | 9 | | | | | | | 0.05 | 0.10 |
| | 10 | | | | | | | | 0.10 |
| | 11 | | | | | | | | 0.05 |
| | 12 | | | | | | | | |
| | 13 | | | | | | | | |
| | 14 | | | | | | | | |
| | 15 | | | | | | | | |
| | 16 | | | | | | | | |
| | 17 | | | | | | | | |
| | 18 | | | | | | | | |
| | 19 | | | | | | | | |
| | 20 | | | | | | | | |
| | 21 | | | | | | | | |
| | 22 | | | | | | | | |
| 合計 | | 0.57 | 0.73 | 0.89 | 1.05 | 1.21 | 1.37 | 1.68 | 2.00 |

（注）さらい刃付きチップを使用する場合は，ねじ部外径に仕上げ代を 0.05～0.08mm（半径値）を付けて，前加工する。

## 1.3　複合形固定サイクル（G70，G71，G72，G73，G74，G75，G76）

### （1）外径・内径荒削りサイクル（G71）

　外径・内径荒削りサイクルは，図3－41に示すように，工作物の仕上げ形状に沿って仕上げ代を残して荒切削を行う固定サイクルで，仕上げ形状を指令すると，荒削りの工具経路が自動的に設定される。

　外径・内径荒削りサイクルは，G71に続いて，仕上げ形状を表すブロックのシーケンス番号，仕上げ代，1回の切込み量，及びF機能，S機能，T機能などを指令する。図3－42にG71のサイクル動作を示す。A－A′間はシーケンス番号nsのブロックで指令する。

　なお，nsのブロックにZ軸の移動指令はできない。また，A′からBまでの仕上げ形状はX軸，Z軸ともに単調増加，又に単調減少のパターンでなければならない。

— 87 —

第3章　その他の便利な機能と プログラミング手法

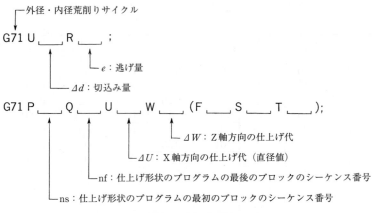

図3-41　外径・内径荒削りサイクル

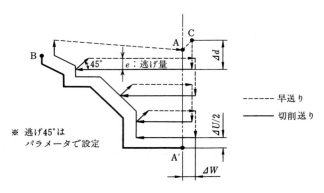

図3-42　G71のサイクル動作

　外径・内径荒削りサイクルのプログラムは，図3-43のプログラム例で示すように，G71のブロック及び仕上げ形状を表すブロックで構成する。
　G71の荒削り中には，シーケンス番号ns～nfのブロックのどこかにF機能，S機能，あるいはT機能が指令されていても無視され，G71のブロックで指令されたF機能，S機能，T機能が有効になる。したがって，G71のブロックで指令するF機能，S機能，T機能を荒削り用とし，シーケンス番号ns～nfのブロックで指令するF機能，S機能，T機能を仕上げ用として利用できる。

— 88 —

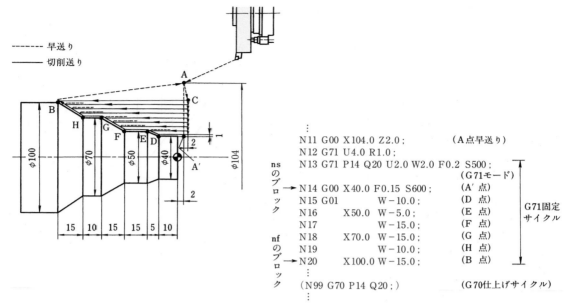

図3-43 G71のプログラム例

## （2）端面荒削りサイクル（G72）

端面荒削りサイクルは，外径・内径荒削りサイクルと同じように，工作物の仕上げ形状に沿って仕上げ代を残して荒切削を行う固定サイクルで，仕上げ形状を指令すると荒削りの工具経路が自動的に設定される。図3-44に端面荒削りサイクルを示す。

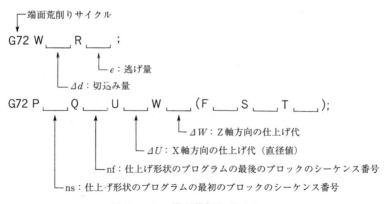

図3-44 端面荒削りサイクル

端面荒削りサイクルは，G72に続いて，仕上げ形状を表すブロックのシーケンス番号，仕上げ代，1回の切込み量，及びF機能，S機能，T機能などを指令する。図3-45にG72のサイクル動作を示す。指令する内容はG71と全く同じであり，違うのは，G72の場合は切削がX軸方向に行われるということだけである。

— 89 —

プログラムは，図3-46に示すように，G72のブロック及び仕上げ形状を表すブロックで構成する。

G72の荒削り中には，シーケンス番号ns～nfのブロックのどこかにF機能，S機能，あるいはT機能が指令されていても無視され，G72のブロックで指令されたF機能，S機能，T機能が有効になる。

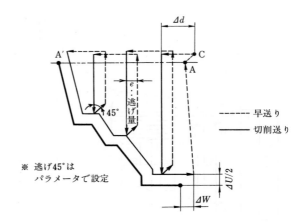

図3-45　G72のサイクル動作

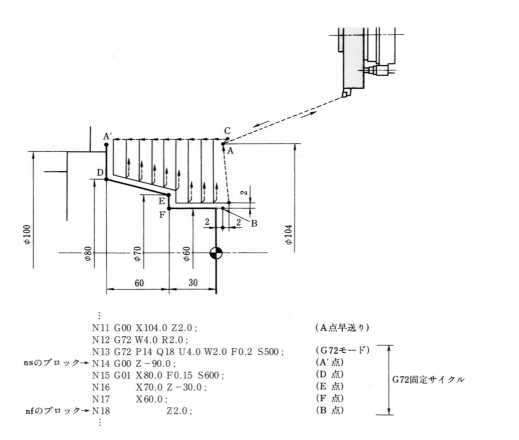

```
         ┆
         N11 G00 X104.0 Z2.0 ;           (A点早送り)
         N12 G72 W4.0 R2.0 ;             (G72モード)
         N13 G72 P14 Q18 U4.0 W2.0 F0.2 S500 ;
nsのブロック→N14 G00 Z-90.0 ;            (A'点)
         N15 G01 X80.0 F0.15 S600 ;      (D点)
         N16     X70.0 Z-30.0 ;          (E点)
         N17     X60.0 ;                 (F点)
nfのブロック→N18          Z2.0 ;         (B点)
         ┆
```

図3-46　G72のプログラム例

### （3）閉ループ切削サイクル（G73）

閉ループ切削サイクルは，G71，G72の場合とは異なり，工具は初めから工作物の仕上げ形状に沿って移動する。したがって，鋳造品や鍛造品などのように工作物形状に沿って削り代が

ある場合の荒削り用固定サイクルとして利用される。

　閉ループ切削サイクルは，図3－47に示すように，G73に続いて，仕上げ形状を表すブロックのシーケンス番号，X・Z軸方向の逃げの距離及び方向，X・Z軸方向の仕上げ代，閉ループの荒削り回数，F機能，S機能，T機能などを指令する。図3－48にG73のサイクル動作を示す。

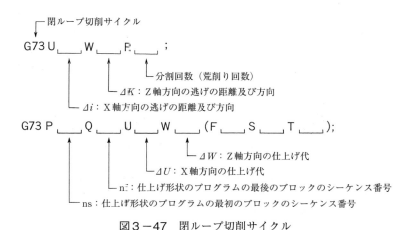

図3－47　閉ループ切削サイクル

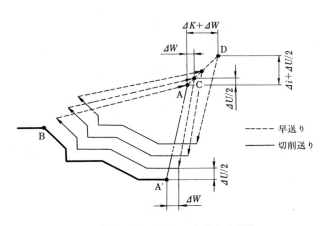

図3－48　G73のサイクル動作

　プログラムは，図3－49に示すように，G73のブロック及び仕上げ形状を表すブロックで構成する。

　G73の閉ループ切削中には，シーケンス番号ns～nfのブロックのどこかにF機能，S機能，あるいはT機能が指定されていても無視され，G73のブロックで指定されたF機能，S機能，T機能が有効になる。

第3章 その他の便利な機能と プログラミング手法

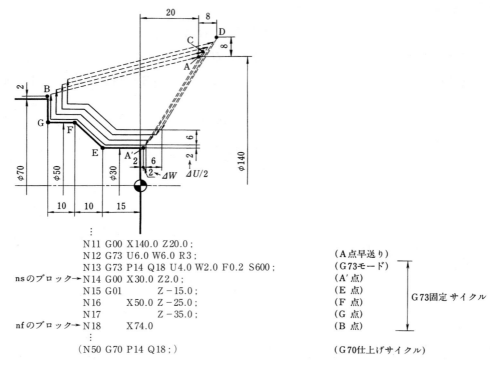

図3-49 G73のプログラム例

## （4）仕上げサイクル（G70）

図3-50に示すように，仕上げサイクルG70の指令によって，G71，G72，G73で行った荒削りサイクルの仕上げ切削を行うことができる。

仕上げサイクルは，G70に続いて仕上げ形状を表すブロックのシーケンス番号を指定する。

プログラムは，図3-51のように荒削りサイクル，及びG70のブロックで構成する（図3-43，図3-46，図3-49）。

G70では，荒削りサイクルで指令されたF機能，S機能，T機能を無視し，シーケンス番号ns〜nfで指令されているF機能，S機能，T機能が有効になる。

G70からG73の固定サイクルは，必ずメモリ運転で実行させる。

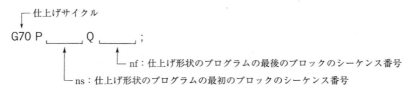

図3-50 仕上げサイクル

第1節 便利な機能

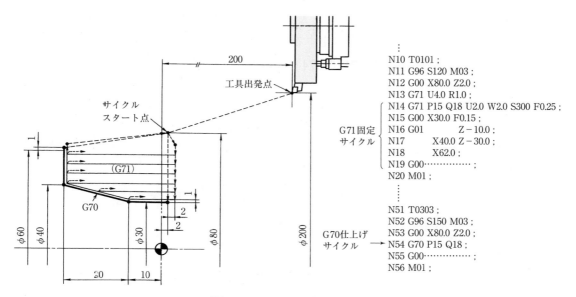

図3-51　G70のプログラム例

## （5）端面突切りサイクル（G74）

　端面突切りサイクルは，図3-52に示すように，Z軸に平行に断続した切込み動作を行う固定サイクルである。端面切削において切りくずを強制的に分断させる場合，あるいは，ドリルなどによる深穴加工で一定量の切り込みを繰り返して切りくずを分断する場合などのプログラムにも利用する。

　端面突切りサイクルは，G74に続いてB点位置及びC点位置，X軸方向の移動量，Z軸方向の切込み量，及びF機能，切り底での工具逃げ量などを指令する。図3-53にG74のサイクル動作を示す。

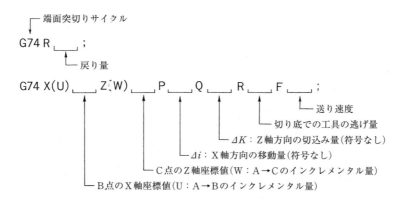

※ドリル加工の場合は，X（U），P及びRを省略し，Z軸方向だけの動作を指令する。

図3-52　端面突切りサイクル

なお，B点の位置を指令するアドレス"X（U）"，X軸方向の移動量を指令するアドレス"P"，及び切り底での工具の逃げ量を指定するアドレス"R"を省略すると，深穴加工の固定サイクルとして利用できる．図3－54にG74のプログラム例を示す．

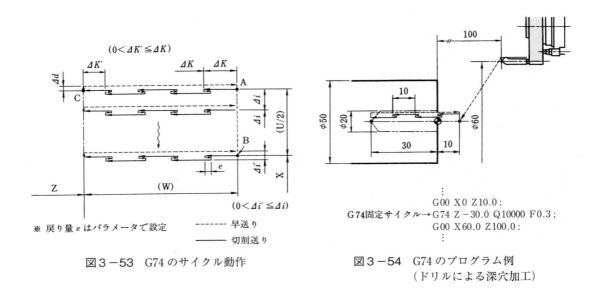

図3－53　G74のサイクル動作　　　　図3－54　G74のプログラム例
　　　　　　　　　　　　　　　　　　　　　　（ドリルによる深穴加工）

## （6）外径・内径突切りサイクル（G75）

外径・内径突切りサイクルは，図3－55に示すように，X軸に平行に断続した送り動作を行う固定サイクルである．外径・内径の溝加工あるいは突切り加工で一定量の切込み動作を繰り返して切りくずを分断しながら切削を行う場合のプログラムなどに利用する．

外径・内径突切りサイクルは，G75に続いて，B点位置及びC点位置，X軸方向の切込み

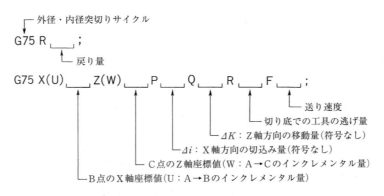

図3－55　外径・内径突切りサイクル

量，Z軸方向の移動量，F機能，切り底での工具逃げ量などを指令する。図3－56にG75のサイクル動作を示す。

なお，C点位置を指令するアドレス"Z(W)"，Z軸方向の移動量を指令するアドレス"Q"，及び切り底での工具の逃げ量を指令するアドレス"R"を省略すると，突切り加工の固定サイクルとして利用できる。図3－57にG75のプログラム例を示す。

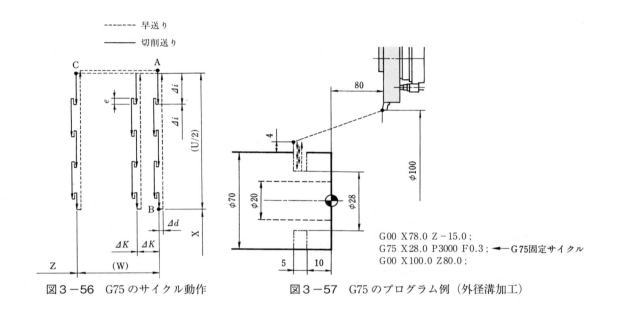

図3－56　G75のサイクル動作　　　図3－57　G75のプログラム例（外径溝加工）

### (7) 複合形ねじ切りサイクル (G76)

複合形ねじ切りサイクルは，図3－58に示すように，ねじ切りの2回目以降の切込み量が

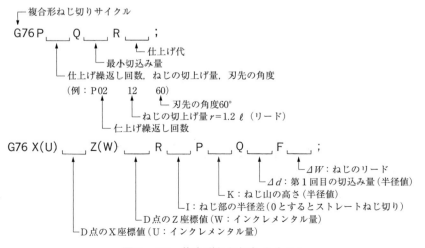

図3－58　複合形ねじ切りサイクル

— 95 —

自動的に計算されるため，G92 のねじ切りサイクルのように１回ごとに切込み量を指定する必要はなく，一つのブロックでねじ切りを指令できる。切込み量は，毎回の切削量が同じになるように算出され，切込み回数 $n$ のとき，

$$\varDelta d \times \sqrt{n}$$

となる。

複合形ねじ切りサイクルは，G76 に続いて D 点位置，ねじ部における半径差，ねじ山の高さ，第１回目の切込み量，ねじのリード，刃先の角度などを指令する。

なお，ねじ部における半径差を指令するアドレス“R”を省略すると，平行ねじの固定サイクルとして利用できる。図３－59 に G76 のサイクル動作を示す。

ねじの切込み方法は，一般的に真っすぐ切削，片刃切削，千鳥切削，逆片刃切削の４種類がある。G76 では，図３－60 のような片刃切削でねじ切りが行われる。また，図３－61 に G76 のプログラム例を示す。

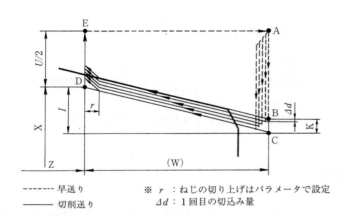

------- 早送り
——— 切削送り

※ $r$ ：ねじの切り上げはパラメータで設定
$\varDelta d$ ：１回目の切込み量

図３－59　G76 のサイクル動作

図３－60　ねじの切込み方法

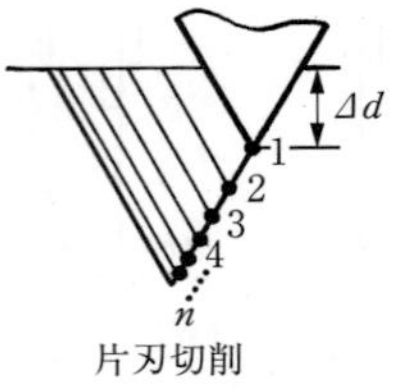

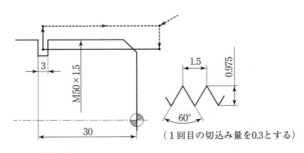

G76 P010060 ;
G76 X48.05 Z－29.0 P975 Q300 F1.5 ;

図３－61　G76 のプログラム例（ねじ切り加工）

# 第2節　便利なプログラミング手法

## 2.1　メインプログラムとサブプログラム

　図3－62に示すように，プログラム中で，繰り返し現れるパターンのプログラムを**サブプログラム**としてあらかじめNC装置のメモリに登録しておくと，**メインプログラム**からの呼び出しによって，サブプログラムを何回でも再利用でき，プログラムを大幅に簡略化できる。この場合，基になるプログラムをメインプログラム，メインプログラムによって呼び出され実行されるプログラムをサブプログラムと呼んでいる。

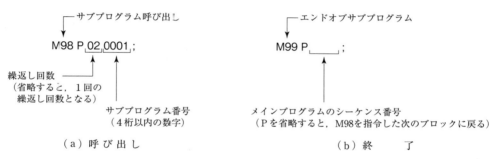

図3－62　サブプログラムの呼び出し・終了

　サブプログラム及びメインプログラムは，次のように構成する。
　サブプログラムは，図3－63（a），（c）のように，プログラム番号をアドレス"O"で指令しておき，エンドオブサブプログラムをM99で指令する。このとき，メインプログラムのシーケンス番号をアドレス"P"で指令しておくと，指令したシーケンス番号に戻すことができる。
　一方，メインプログラムは，図3－63（b）のように，M98のブロックにアドレス"P"でサブプログラム番号，アドレス"P"で繰返し回数を指令しておき，サブプログラム呼び出しのM98を指令する。アドレス"P"を省略すると1回の繰返し回数となる。プログラムの実行例を図3－64に示す。
　メインプログラムの実行中にM98のブロックを読み込むと，そこで指令しているプログラム番号のサブプログラムを呼び出し，実行する。サブプログラムの実行中，M99のブロックを読み込むとサブプログラムの実行は終了し，メインプログラムのM98を実行した次のブ

第3章　その他の便利な機能と プログラミング手法

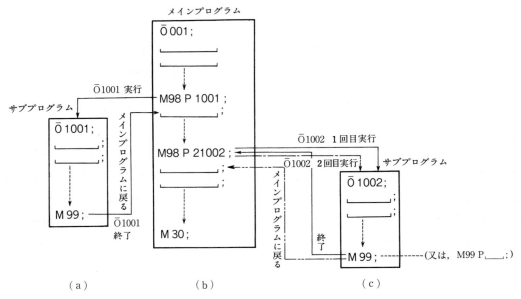

図3-63　メインプログラムとサブプログラム

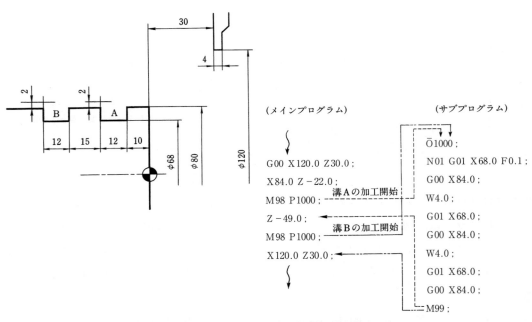

図3-64　サブプログラム例（複数の外径溝加工）

ロックに戻る。

　サブプログラムからさらにサブプログラムを呼び出し，実行させることもできる。これをサブプログラムの**多重呼び出し（ネスティング）**といい，図3-65に示す。ネスティングの回数はNC装置によっても異なるが，一般には4回程度である。

　メインプログラムでM99を指令した場合，M99のブロックにアドレス"P"を指令しない

と，メインプログラムの先頭に戻る。図3-66にその例を示す。そして，メインプログラムの先頭からM99のブロックまでを永久に繰り返すエンドレス運転となる。このとき，図3-67のように，サブプログラム番号の代わりにメインプログラムのシーケンス番号を指令すると，そのシーケンス番号からM99のブロックまでがエンドレス運転となる。

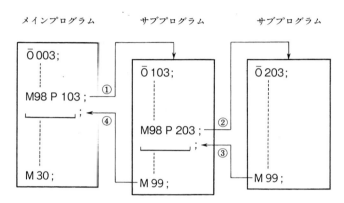

図3-65　サブプログラムの多重呼び出し（ネスティング）

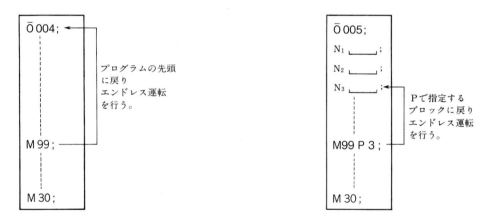

図3-66　M99によるエンドレス運転　　　図3-67　特定のブロック間でエンドレス運転

　M99によるエンドレス運転を抜けるには，図3-68のように，M99のブロックの先頭に"／（スラッシュ）"を付ける。"／"の付いたブロックは，機械側でブロックデリート[5]のスイッチをオンにしておくことで無視できる。これをブロックデリート機能と呼んでいる。図3-68の場合，ブロックデリートのスイッチのオン／オフによって，M99を無視した通常運転とエンドレス運転の切り替えを行える。

---

(5)　オプショナルブロックスキップともいう。

第3章　その他の便利な機能と プログラミング手法

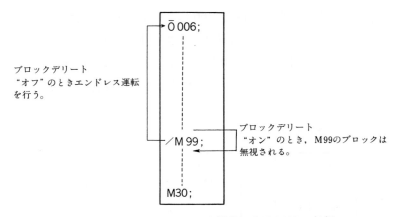

図3-68　ブロックデリート機能による M99 の無視

## 2.2 応用例

図3-69に示す部品を加工するために，プログラミング方法を順次提示していく。途中にはいくつかの問題を設けてあり，解答しながら，実際的なプログラミングの仕方を理解してほしい。

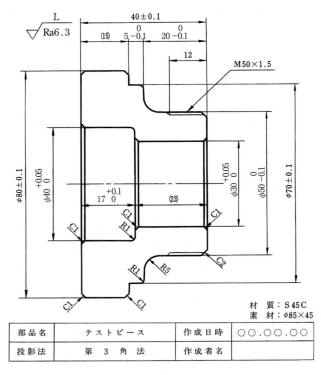

図3-69　図　面

第2節　便利なプログラミング手法

　表3−3に加工手順を示す。

　また，使用する工具の工具名，工具形状と取付方法などの概要を一覧表にしたツールリストを図3−70に，表3−3の加工手順に従って作成したプロセスシートを図3−71〜図3−79に示す。

表3−3　加工手順表

| 部品名 | テストピース | | | | | 作成日時 | ○○.○○.○○ | | 頁 | 1／11 |
|---|---|---|---|---|---|---|---|---|---|---|
| 工程名 | 第1工程及び第2工程 | | | | | 作成者名 | | | | |

| 順序 | 加　工　名 | 寸　法 | 使用工具名 | | | 切　削　条　件 | | | 備考 |
|---|---|---|---|---|---|---|---|---|---|
| | | | 工具形式 | チップ材質 | 工具番号 | Sコード | Fコード | 切り込み | |
| 1 | φ30下穴加工 | φ28 | φ28下穴加工用ドリル | | | S1000 | F0.1 | ✓ | |
| | | | | P20 | T1111 | 90 m/min | 0.1 mm/rev | ✓ | 第1工程 |
| 2 | 端面・外径（φ80）荒加工 | 仕上げ代 0.2 mm | 荒削り用片刃バイト | | | (G96) S120 | F0.3 | 5.0 mm | |
| | | | | P20 | T0101 | 120 m/min | 0.3 mm/rev | （半径） | |
| 3 | 内径荒加工（φ40，φ30） | φ39.7 ×16.85 φ29.7 | φ25ボーリングバー | | | (G96) S120 | F0.25 | 5.0 mm | |
| | | | | P20 | T0303 | 120 m/min | 0.25 mm/rev | （直径） | |
| 4 | 端面・外径（φ80）仕上げ加工 | φ80×18 | 仕上げ用片刃バイト | | | (G96) S180 | F0.2 | 0.2 mm | |
| | | | | サーメット | T0505 | 180 m/min | 0.2 mm/rev | （半径） | |
| 5 | φ40内径仕上げ加工 | φ40×17 | φ25ボーリングバー | | | (G96) S180 | F0.1 | 0.15 mm | |
| | | | | サーメット | T0707 | 180 m/min | 0.1 mm/rev | （半径） | |
| 6 | 外径荒加工（複合固定サイクル） | 仕上げ代 0.2 mm | 荒削り用片刃バイト | | | (①④) | (②⑤) | (③⑥) | |
| | | | | P20 | T0101 | | | | 第2工程 |
| 7 | φ30内径仕上げ加工 | φ30×23 | φ25ボーリングバー | | | (⑦⑩) | (⑧⑪) | (⑨⑫) | |
| | | | | サーメット | T0707 | | | | |
| 8 | 外径仕上げ加工（複合固定サイクル） | | 仕上げ用片刃バイト | | | (⑬⑯) | (⑭⑰) | (⑮⑱) | |
| | | | | サーメット | T0505 | | | | |
| 9 | M50×1.5ねじ切り加工 | | ねじ切りバイト | | | S630 | F1.5 | ✓ | |
| | | | | P20 | T0909 | 95 m/min | リード1.5 mm | ✓ | |

− 101 −

第3章　その他の便利な機能と プログラミング手法

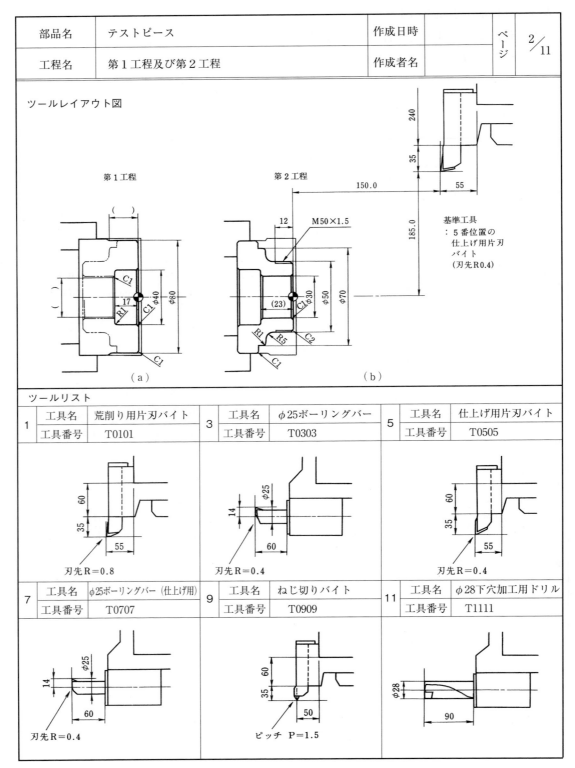

図3-70　ツールレイアウト

第2節　便利なプログラミング手法

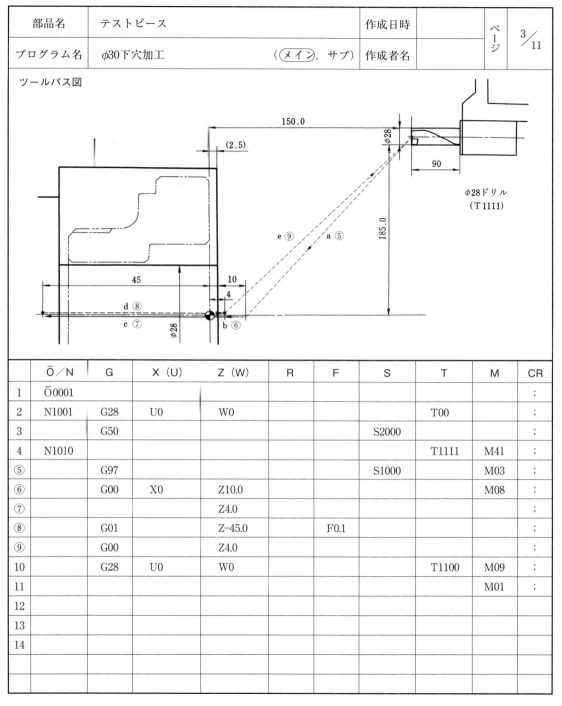

図3-71　プロセスシート

第3章 その他の便利な機能と プログラミング手法

| 部品名 | テストピース | | 作成日時 | | ページ | 4/11 |
|---|---|---|---|---|---|---|
| プログラム名 | 端面・外径（φ80）荒加工 | (メイン, サブ) | 作成者名 | | | |

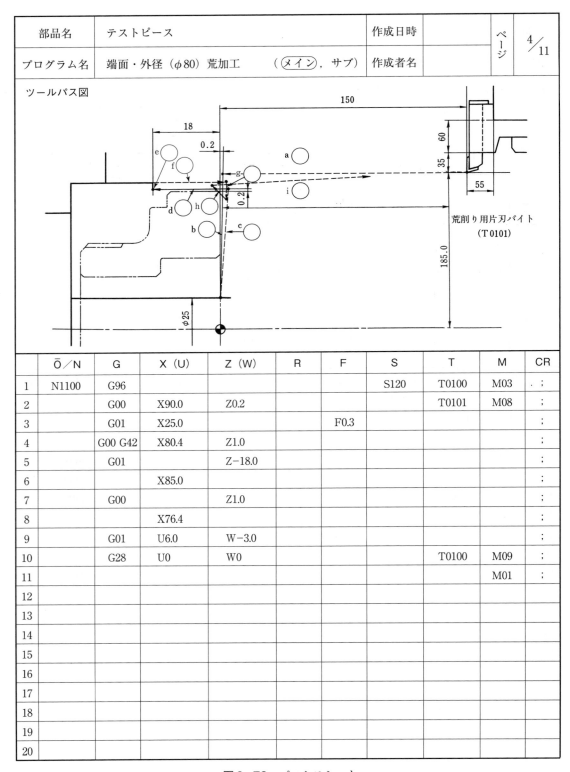

| | Ō/N | G | X(U) | Z(W) | R | F | S | T | M | CR |
|---|---|---|---|---|---|---|---|---|---|---|
| 1 | N1100 | G96 | | | | | S120 | T0100 | M03 | ; |
| 2 | | G00 | X90.0 | Z0.2 | | | | T0101 | M08 | ; |
| 3 | | G01 | X25.0 | | | F0.3 | | | | ; |
| 4 | | G00 G42 | X80.4 | Z1.0 | | | | | | ; |
| 5 | | G01 | | Z−18.0 | | | | | | ; |
| 6 | | | X85.0 | | | | | | | ; |
| 7 | | G00 | | Z1.0 | | | | | | ; |
| 8 | | | X76.4 | | | | | | | ; |
| 9 | | G01 | U6.0 | W−3.0 | | | | | | ; |
| 10 | | G28 | U0 | W0 | | | | T0100 | M09 | ; |
| 11 | | | | | | | | | M01 | ; |
| 12 | | | | | | | | | | |
| 13 | | | | | | | | | | |
| 14 | | | | | | | | | | |
| 15 | | | | | | | | | | |
| 16 | | | | | | | | | | |
| 17 | | | | | | | | | | |
| 18 | | | | | | | | | | |
| 19 | | | | | | | | | | |
| 20 | | | | | | | | | | |

図3-72 プロセスシート

第2節　便利なプログラミング手法

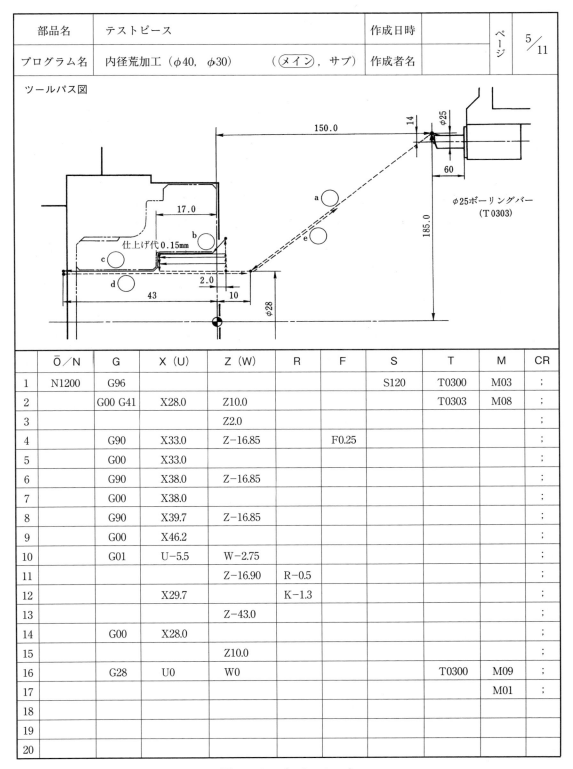

図3-73　プロセスシート

第3章 その他の便利な機能と プログラミング手法

| 部品名 | テストピース | | 作成日時 | | ページ | 6/11 |
|---|---|---|---|---|---|---|
| プログラム名 | 端面・外径（φ80）仕上げ加工　（メイン,　サブ） | | 作成者名 | | | |

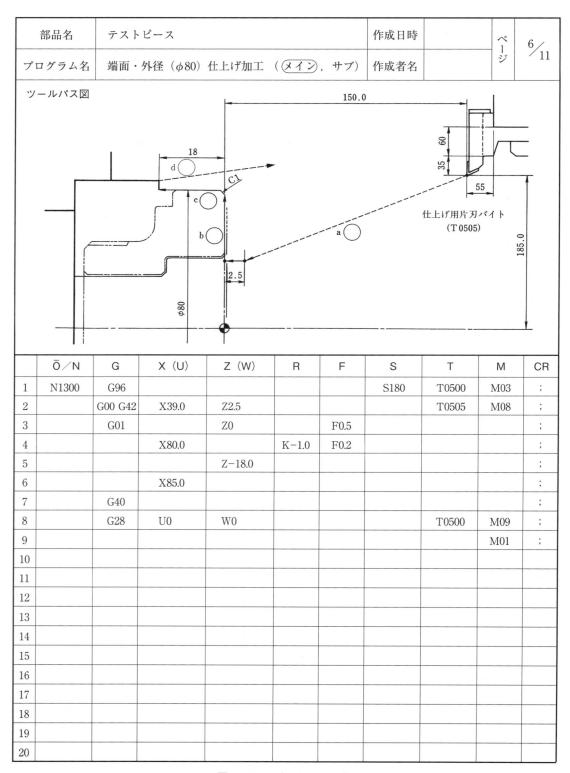

| | O/N | G | X（U） | Z（W） | R | F | S | T | M | CR |
|---|---|---|---|---|---|---|---|---|---|---|
| 1 | N1300 | G96 | | | | | S180 | T0500 | M03 | ; |
| 2 | | G00 G42 | X39.0 | Z2.5 | | | | T0505 | M08 | ; |
| 3 | | G01 | | Z0 | | F0.5 | | | | ; |
| 4 | | | X80.0 | | K-1.0 | F0.2 | | | | ; |
| 5 | | | | Z-18.0 | | | | | | ; |
| 6 | | | X85.0 | | | | | | | ; |
| 7 | | G40 | | | | | | | | ; |
| 8 | | G28 | U0 | W0 | | | | T0500 | M09 | ; |
| 9 | | | | | | | | | M01 | ; |
| 10 | | | | | | | | | | |
| 11 | | | | | | | | | | |
| 12 | | | | | | | | | | |
| 13 | | | | | | | | | | |
| 14 | | | | | | | | | | |
| 15 | | | | | | | | | | |
| 16 | | | | | | | | | | |
| 17 | | | | | | | | | | |
| 18 | | | | | | | | | | |
| 19 | | | | | | | | | | |
| 20 | | | | | | | | | | |

図3-74　プロセスシート

| | 部品名 | テストピース | | 作成日時 | | ページ | 7/11 |
|---|---|---|---|---|---|---|---|
| | プログラム名 | φ40内径仕上げ加工 | （メイン，サブ） | 作成者名 | | | |

ツールパス図

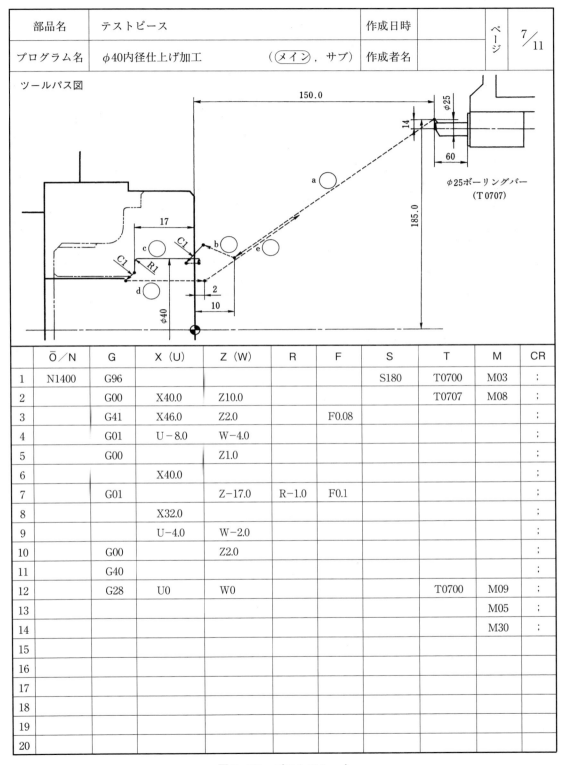

| | O/N | G | X（U） | Z（W） | R | F | S | T | M | CR |
|---|---|---|---|---|---|---|---|---|---|---|
| 1 | N1400 | G96 | | | | | S180 | T0700 | M03 | ; |
| 2 | | G00 | X40.0 | Z10.0 | | | | T0707 | M08 | ; |
| 3 | | G41 | X46.0 | Z2.0 | | F0.08 | | | | ; |
| 4 | | G01 | U−8.0 | W−4.0 | | | | | | ; |
| 5 | | G00 | | Z1.0 | | | | | | ; |
| 6 | | | X40.0 | | | | | | | ; |
| 7 | | G01 | | Z−17.0 | R−1.0 | F0.1 | | | | ; |
| 8 | | | X32.0 | | | | | | | ; |
| 9 | | | U−4.0 | W−2.0 | | | | | | ; |
| 10 | | G00 | | Z2.0 | | | | | | ; |
| 11 | | G40 | | | | | | | | ; |
| 12 | | G28 | U0 | W0 | | | | T0700 | M09 | ; |
| 13 | | | | | | | | | M05 | ; |
| 14 | | | | | | | | | M30 | ; |
| 15 | | | | | | | | | | |
| 16 | | | | | | | | | | |
| 17 | | | | | | | | | | |
| 18 | | | | | | | | | | |
| 19 | | | | | | | | | | |
| 20 | | | | | | | | | | |

図3-75　プロセスシート

第3章　その他の便利な機能と プログラミング手法

| | 部品名 | | テストピース | | | | 作成日時 | | | ページ | 8/11 |
|---|---|---|---|---|---|---|---|---|---|---|---|

| | プログラム名 | | 外径荒加工（複合固定サイクル）（メイン，サブ） | | | | 作成者名 | | | | |

ツールパス図

荒削り用片刃バイト（T 0101）

図3-76　プロセスシート

| | Ō／N | G | X（U） | Z（W） | R | F | S | T | M | CR |
|---|---|---|---|---|---|---|---|---|---|---|
| 1 | Ō2000 | | | | | | | | | ; |
| 2 | N2001 | G28 | U0 | W0 | | | | | | ; |
| 3 | | | | | | | | | M00 | ; |
| 4 | N2100 | G96 | | | | | S120 | T0100 | | |
| 5 | | | | | | | | | M03 | ; |
| 6 | | G00 G42 | X85.0 | Z3.0 | | | | (①　　) | M08 | ; |
| 7 | | G71 | U4.0 | | R1.0 | | | | | ; |
| 8 | | G71 | P(②　) | Q(③　) | U0.4 | W0.2 | | | F0.3 | ; |
| 9 | N2110 | G00 | X42.0 | | | | | | | ; |
| 10 | | G42 | | Z2.0 | | | | | | ; |
| 11 | | (④　) | U8.0 | W−4.0 | | F0.2 | | | | ; |
| 12 | | | | Z−15.0 | | | | | | ; |
| 13 | | G02 | X60.0 | Z−20.0 | (⑤　) | | | | | ; |
| 14 | | G01 | X68.0 | | | | | | | ; |
| 15 | | G03 | X70.0 | Z21.0 | R1.0 | | | | | ; |
| 16 | | | | Z−25.0 | | | | | | ; |
| 17 | | | X78.0 | | | | | | | ; |
| 18 | | | U4.0 | W−2.0 | | | | | | ; |
| 19 | N2120 | G40 | X86.0 | | | | | | | ; |
| 20 | | (⑥　) | | Z0.2 | | | | | | ; |
| 21 | | | X54.0 | | | | | | | ; |
| 22 | | G01 | X28.0 | | | | | | | ; |
| 23 | | G28 | U0 | W0 | | | | T0100 | M09 | ; |
| 24 | | | | | | | | (⑦　) | | ; |
| 25 | | | | | | | | | | |

— 108 —

第 2 節　便利なプログラミング手法

| 部品名 | テストピース | | 作成日時 | | ページ | 9/11 |
|---|---|---|---|---|---|---|
| プログラム名 | φ30内径仕上げ加工 | (メイン, サブ) | 作成者名 | | | |

ツールパス図

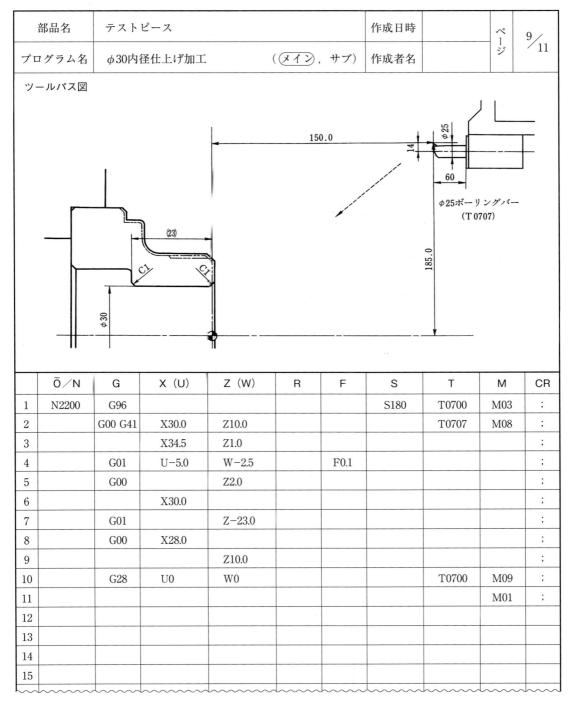

| | Ō/N | G | X (U) | Z (W) | R | F | S | T | M | CR |
|---|---|---|---|---|---|---|---|---|---|---|
| 1 | N2200 | G96 | | | | | S180 | T0700 | M03 | ; |
| 2 | | G00 G41 | X30.0 | Z10.0 | | | | T0707 | M08 | ; |
| 3 | | | X34.5 | Z1.0 | | | | | | ; |
| 4 | | G01 | U−5.0 | W−2.5 | | F0.1 | | | | ; |
| 5 | | G00 | | Z2.0 | | | | | | ; |
| 6 | | | X30.0 | | | | | | | ; |
| 7 | | G01 | | Z−23.0 | | | | | | ; |
| 8 | | G00 | X28.0 | | | | | | | ; |
| 9 | | | | Z10.0 | | | | | | ; |
| 10 | | G28 | U0 | W0 | | | | T0700 | M09 | ; |
| 11 | | | | | | | | | M01 | ; |
| 12 | | | | | | | | | | |
| 13 | | | | | | | | | | |
| 14 | | | | | | | | | | |
| 15 | | | | | | | | | | |

図3−77　プロセスシート

第3章　その他の便利な機能と プログラミング手法

| 部品名 | テストピース | | 作成日時 | | ページ | 10/11 |
|---|---|---|---|---|---|---|
| プログラム名 | 外径仕上げ加工（複合固定サイクル）（メイン，サブ） | | 作成者名 | | | |

ツールパス図

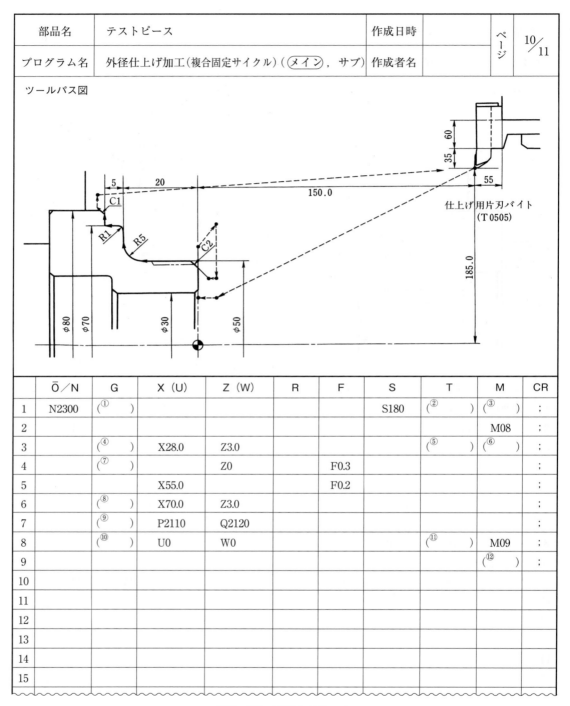

| | Ō/N | G | X(U) | Z(W) | R | F | S | T | M | CR |
|---|---|---|---|---|---|---|---|---|---|---|
| 1 | N2300 | (①　) | | | | | S180 | (②　) | (③　) | ; |
| 2 | | | | | | | | | M08 | ; |
| 3 | | (④　) | X28.0 | Z3.0 | | | | (⑤　) | (⑥　) | ; |
| 4 | | (⑦　) | | Z0 | | F0.3 | | | | ; |
| 5 | | | X55.0 | | | F0.2 | | | | ; |
| 6 | | (⑧　) | X70.0 | Z3.0 | | | | | | ; |
| 7 | | (⑨　) | P2110 | Q2120 | | | | | | ; |
| 8 | | (⑩　) | U0 | W0 | | | | (⑪　) | M09 | ; |
| 9 | | | | | | | | | (⑫　) | ; |
| 10 | | | | | | | | | | |
| 11 | | | | | | | | | | |
| 12 | | | | | | | | | | |
| 13 | | | | | | | | | | |
| 14 | | | | | | | | | | |
| 15 | | | | | | | | | | |

図3-78　プロセスシート

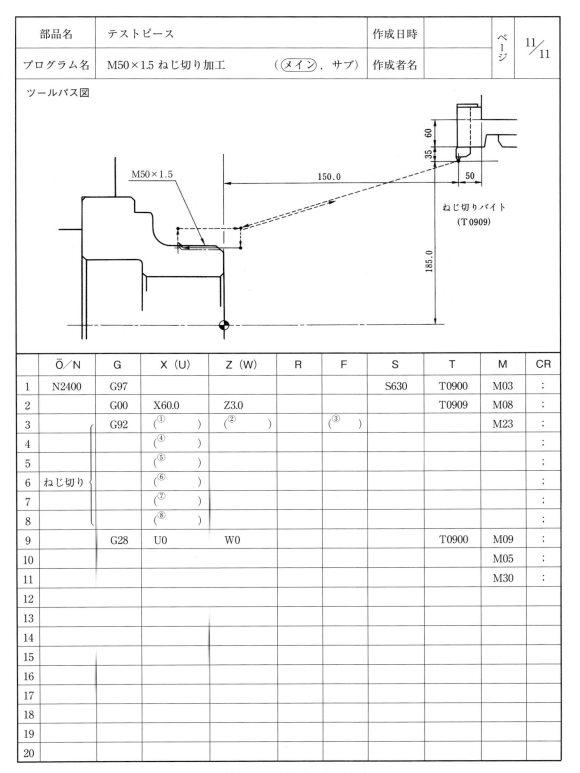

図3-79 プロセスシート

## 第3章のまとめ

1. 図3-80に示す工具経路を，刃先R補正機能を利用したプログラムとして，表3-4のプロセスシートの（　）に必要なワードを記入して完成させなさい。

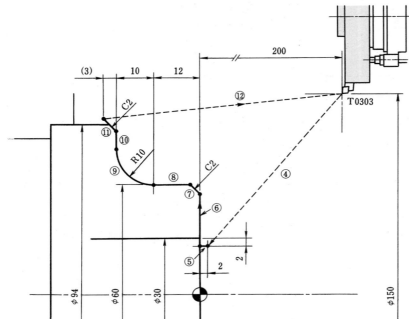

⑤：刃先R補正スタートアップ
⑫：刃先R補正キャンセル

図3-80

表3-4　プロセスシート

|   | O/N | G | X (U) | Z (W) | F | S | T | M | CR |
|---|---|---|---|---|---|---|---|---|---|
| ① | N201 |   |   |   |   |   |   |   | ; |
| ② |   |   |   |   |   |   | T0300 | M42 | ; |
| ③ |   | G96 |   |   |   | S180 |   | (　) | ; |
| ④ |   | (　) | (　) | (　) |   |   | T0303 | M08 | ; |
| ⑤ |   | (　) |   | (　) | F0.3 |   |   |   | ; |
| ⑥ |   |   | (　) |   | F0.1 |   |   |   | ; |
| ⑦ |   |   | (　) | (　) |   |   |   |   | ; |
| ⑧ |   |   |   | (　) |   |   |   |   | ; |
| ⑨ |   | (　) | (　) | (　) | R10.0 |   |   |   | ; |
| ⑩ |   | (　) | (　) |   |   |   |   |   | ; |
| ⑪ |   |   | (　) | (　) |   |   |   |   | ; |
| ⑫ |   | (　) | U0 | W0 |   |   | T0300 | M09 | ; |
| ⑬ |   |   |   |   |   |   |   | M01 | ; |

2. 図3−81に示す工具経路を，刃先R補正機能を利用したプログラムとして，表3−5の
プロセスシートの（　）に必要なワードを記入して完成させなさい。

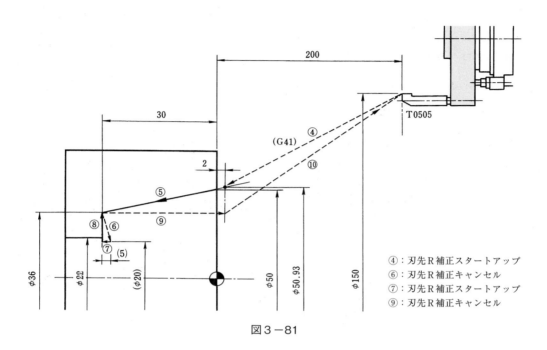

図3−81

表3−5　プロセスシート

|   | O/N | G | X(U) | Z(W) | F | S | T | M | CR |
|---|---|---|---|---|---|---|---|---|---|
| ① | N202 |   |   |   |   |   |   |   | ; |
| ② |   |   |   |   |   |   | T0505 | M42 | ; |
| ③ |   | G96 |   |   |   | S180 |   | M03 | ; |
| ④ |   | (　) | (　) | (　) |   |   |   | M08 | ; |
| ⑤ |   | (　) | (　) | (　) | F0.1 |   |   |   | ; |
| ⑥ |   | G40 G00 | (　) | (　) | I−1.0 |   |   |   | ; |
| ⑦ |   | (　) |   |   |   |   |   |   | ; |
| ⑧ |   | (　) | (　) |   |   |   |   |   | ; |
| ⑨ |   | (　) |   | (　) | I7.0 | K30.0 |   |   | ; |
| ⑩ |   | G28 | U0 | W0 |   |   | T0500 | M09 | ; |
| ⑪ |   |   |   |   |   |   |   | M01 | ; |

第3章　その他の便利な機能と プログラミング手法

3．複合固定サイクルの種類を五つ以上あげなさい。

--------------------------------------------------------------------------------

--------------------------------------------------------------------------------

--------------------------------------------------------------------------------

4．メインプログラムとサブプログラムの違いを述べなさい。

--------------------------------------------------------------------------------

--------------------------------------------------------------------------------

--------------------------------------------------------------------------------

# 第4章
# NC旋盤加工実習

　作成したプログラムをNC装置に保存して実行すると，NC装置の指令によって機械本体は工作物を加工する。プログラミングは，NC旋盤で工作物を加工する場面を想定しながら行う。例えば，ワーク座標系の設定，使用工具の取付方法，工作物の取付方法などである。

　したがって，プログラミングに続いて工作物を実際に加工するためには，プログラミングで想定した種々の前提条件を，実際のものとして準備しなければならない。つまり，プログラムをNC装置へ保存するだけでは，工作物は加工できない。

　この章では，作成したプログラムを基に，NC旋盤で工作物を加工するに至るまでの作業を順番に説明する。

　なお，各作業で述べる操作方法は，一例を示すものであり，実際の操作に当たっては，NC装置や機械本体の取扱説明書を参照し，安全作業に心掛けることが大切である。

第4章　NC旋盤加工実習

　旋盤作業を行うためには，図4－1に示すような必要な知識及び要素作業がある。これまでプログラミングに必要な各機能の用法や使用例を学習してきたが，プログラミングを実際に行うためには，さらに工作物の取付方法，使用工具の選定と切削条件，加工工程などの詳細な検討が必要になる。この章ではNC旋盤の基本加工要素を盛り込んだ形状部品を例にとり，図面から加工までの流れがどのように行われているかを説明する。

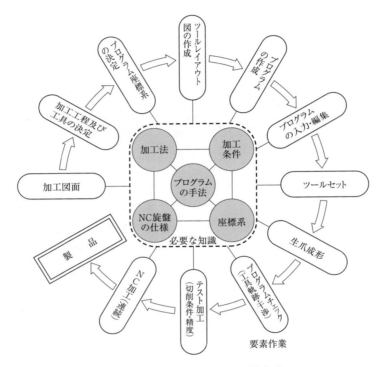

図4－1　必要な知識及び要素作業

　加工図面（部品図）から製品までの一連の作業の流れを，図4－2に示す。
　「本章第2節」では機外で行う作業，すなわち加工図面を十分に読み取り，NC旋盤の仕様や最適な工具を選択することにより，切削条件を決定しプログラムを作成する作業について説明する。
　「本章第3節」では機上で行う作業，すなわちプログラム入力，ツールセッティング，ワークセッティングや工具補正量設定，プログラムチェック，テスト加工等の作業について説明する。

— 116 —

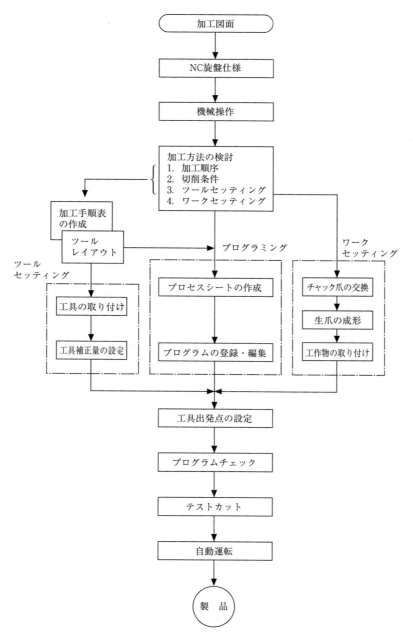

図4-2 NC旋盤作業の流れ

第4章　NC旋盤加工実習

# 第1節　NC旋盤の安全作業

　NC旋盤を操作するには，まずNC旋盤の特徴や構造を理解しなければならない。また，各操作の留意点を確認しながら，確実に作業をしなければ安全を確保できない。ここでは，NC旋盤を使用するに当たり，最低限知っておくべきことについて述べる。

### （1）非常停止ボタンの確認

　非常停止ボタンの位置を確認し，図4-3のように，非常の際にいつでも押せるようにする。さらに電源投入時，非常停止機能が有効であることを確認する。

図4-3　非常停止ボタン

### （2）ドア閉じの励行

　制御盤，強電盤，操作盤のドア及び前ドアを開けたままで機械運転をしない。特に前ドアを開けたままの加工は，切りくずなどが飛散して危険である。

### （3）水溶性切削油剤の使用

　切削油剤（クーラント）は，なるべく水溶性のものを使用する。
　悪臭やかぶれなど，人体に悪影響を及ぼす成分を含んでいないことを確認する。また，油性の切削油剤を使用する場合，火災が発生しないように，切削条件及び加工状況に注意する。万が一の火災に備えて，消火器を機械のそばに設置する。

### （4）不安定な工作物の保持禁止

　加工時に切削力や遠心力が工作物に加わるため，工作物が飛び出す危険性は，いつも存在している。
　切削条件（主軸回転速度，送り，切り込み）や工作物の把握（保持）方法等を十分検討し，安全作業を行う。

### （5）エアブローによる清掃の禁止

　図4-4に示すように，エアブローによる機内の掃除を行わない。細かな切りくずが精密部品に侵入すると機械に悪影響を与える。

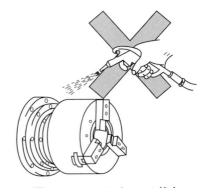

図4-4　エアブローの禁止

— 118 —

## （6）日常点検や保守の励行

　油圧，潤滑油，空気圧などの圧力が正常か，圧力計で確認する。油圧作動油，潤滑油，切削油剤の量が十分か，液面計で確認する。

　本機及び周辺機器を確認し，油漏れ，外部電線の被覆を確認する。日常点検及び定期的な点検・保守作業を怠らないようにし，機械を常に安全な状態で使用できるように心掛ける。

## （7）取扱説明書の指示事項の励行

　機械を使用する前には必ず取扱説明書を熟読してその指示に従う。

## （8）服装など身体の安全に関する注意事項

　機械本体及び周辺装置の危険個所や，誤使用が予想される対象部分には，図4-5に示すように，事故防止の目的で安全銘板が貼られている。安全銘板に示された内容を常に守り，安全作業に心掛けることが大切である。

① 機械の駆動部などに巻き込まれたり，引き込まれたりしないような服装を着用すること。
② 安全帽子，防じんめがね，安全靴などの安全器具を，常に着用すること。
③ 粉じんが発生するような材料を加工するときは，防じんマスクを着用すること。
④ 切りくずなどの除去作業を行うときは，手袋などを着用し，素手で触れないようにすること。

図4-5　安全銘板

## 第2節　プログラムの作成（機外での作業）

### 2.1　部　品　図

図4－6に部品図の一例を示す。以降，この部品を課題部品とする。

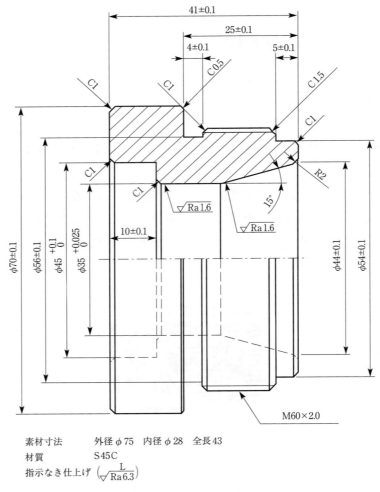

素材寸法　　外径 φ75　内径 φ28　全長 43
材質　　　　S45C
指示なき仕上げ $\left(\sqrt{\mathrm{Ra}6.3}\right)$

図4－6　部　品　図

NC 旋盤だけでなく，すべての工作機械において，加工を行うためには，まず最初に図面をじっくりと読むことが必要である。図面を読むことにより，工作物の形状を把握し，加工上の注意点や加工方法など，これから行おうとしている作業の概要を理解できる。

図面から読み取れる情報としては，次のようなものがある。

（a）工作物の形状

正面図や平面図から工作物の立体形状を頭に描く。

（b）素材の大きさと削り代

工作物の形状から加工する部分を調べる。

（c）工作物の材質及び硬さ

材料記号から工作物の材質を調べる。材質や硬さが分かれば，工作物の大まかな被削性を理解できる。

（d）寸法及び精度

工作物の寸法精度，仕上げ面粗さ，形状精度などを調べる。

（e）加 工 方 法

工作物の精度を理解したら，外径加工・内径加工あるいは荒加工・仕上げ加工など，必要な加工方法を整理する。

（f）加 工 順 序

加工方法を整理できたら，加工順序を検討する。

（g）使 用 工 具

加工方法や加工順序に従って，加工を行うために必要な工具（チップブレーカなどの選定）の検討を行う。

（h）セッティング方法（工具，工作物の取り付け）

工具や工作物の取付方法を検討する。

工具の取り付けでは，工作物・チャックとツールホルダの干渉に注意しながら，ツールホルダの選択と取付位置などを検討する。

工作物の取り付けでは，前加工の必要性やチャック爪の選択や工作物の把握力などを検討する。

ほかにも図面から読み取れる情報はいろいろあるが，基本事項だけでも，上記のように非常にたくさんある。図面から読み取った情報は，プログラミングを行う際の判断基準になる。したがって，図面からはできる限り正確な情報を読み取ることが大切である。


## 2.2　加工工程の決定

加工順序，使用工具や切削条件等を整理するシートが，加工工程表である。

### （1）加工工程の決定

旋盤のチャックワークで，2工程に分けて加工する場合は，まず大径側を先に加工する。図4－7に課題部品の加工工程を示す。

第4章　NC旋盤加工実習

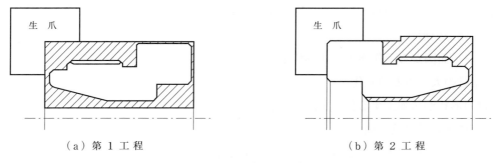

(a) 第1工程　　　　　　　　(b) 第2工程

図4−7　加工工程

## （2）取り代の検討

素材形状と部品図から，取り代がいくらあるかを検討する。図4−8に取り代（ハッチング部分）の検討図を示す。

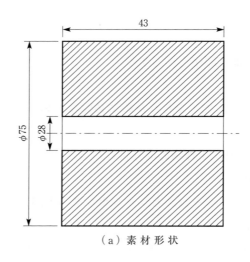

(a) 素材形状

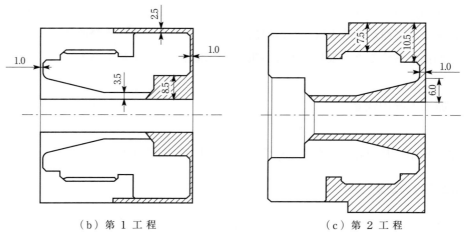

(b) 第1工程　　　　　　　　(c) 第2工程

図4−8　取り代の検討

## 2.3 ツールレイアウトの作成

　加工順序や使用工具を決定した後，刃物台へ工具を実際に取り付ける際に，刃物台の各割出し位置にどのように工具を配置し，また，それぞれの工具の突出し量をいくらにするかという情報を，ツールレイアウトに記載する。図4－9にツールレイアウトの例を示す。

　工具と工作物，把握するチャックの爪や治具との相対的な位置関係は，各機械メーカの取扱説明書に記載されている刃物台干渉図や機械移動量図を確認しながら，干渉が絶対に起こらないように設定する。

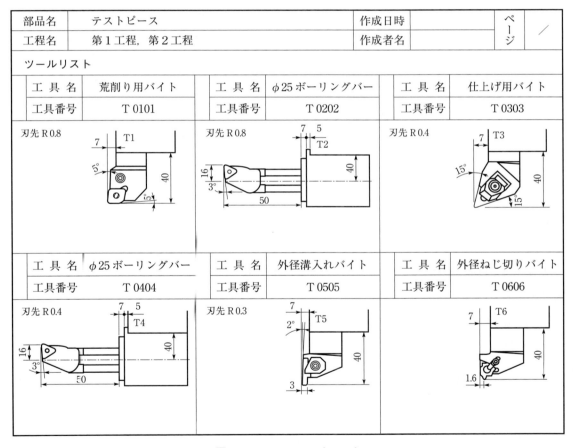

図4－9　ツールレイアウト

## 2.4 チャッキング図の作成

　ワークをセッティングするには，まず，工作物を安定した姿勢で把握するために，チャックの爪を成形する必要がある。あらかじめ，生爪を成形する形状を図に表しておくと，作業性を高められる。図4－10に課題ワークのチャッキング図を示す。今回は，8インチの三つ爪チャックで爪の高さ40mmを使用して工作物を把握する。

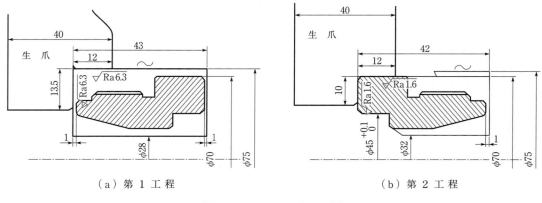

（a）第1工程　　　　　　　　　　　　（b）第2工程

図4－10　チャッキング図

## 2.5 プロセスシートの作成

　表4－1の加工手順表の流れに従い，図4－11～図4－20の工具経路図を参照しながら，同図のようなプロセスシートを作成する。
　NC旋盤でのワーク座標系の原点（加工原点）は，工作物の中心（回転中心）及び工作物の仕上がり端面としている。「第2章」「第3章」で学習したことを基本に，プログラムを作成する。

### （1）シーケンス番号

　加工順序ごとに，連番でシーケンス番号を付ける。シーケンス番号を付けることによって，加工順番ごとにプログラムの区別ができ，また，任意のシーケンス番号を呼び出すことで，プログラムチェックが容易になる。

### （2）加工順序

　加工順序は，工具交換回数を減らし，加工時間を短縮する工夫も必要であるが，工作物の熱変形による精度の低下や，切りくずによる仕上げ面の損傷などを考慮して，荒加工，仕上げ加

第2節　プログラムの作成（機外での作業）

工に分類し，切削量の多い荒加工を先に行い，その後仕上げ加工を行う。

## （3）使用工具

使用する工具の種類とそれらの工具番号，工具補正番号を割り当てる。通常，工具形状補正と工具摩耗補正は同じ番号で割り当てている（図4－9に工具番号として記入）。

## （4）切削条件

工作物の材質，使用する工具の種類，加工方法などから切削速度及び切込み量，送り量（主軸1回転当たりの送り）を決定し，主軸回転速度（Sコード）や送り速度（Fコード）を求める。切込み量は必要に応じて削り代で指定する。

表4－1　加工手順表

| 部品名 | テストピース | | | | | 作成日時 | | | ペ ー ジ | ／ |
| | | | | | | 作成者名 | | | | |
| 順序 | 工 程 名 | | 寸 法 | 使用工具名 | | 切 削 条 件 | | | | 備考 |
| | | | | チップ材質 | 工具番号 | Sコード | Fコード | 切り込み | | |
| 1-1 | 端面・外径荒加工 | | φ70 | 荒削り用片刃バイト | | G96 S120 | F0.3 | 2.0 mm | | |
| | | | | コーティング超硬 | T0101 | 120 m/min | 0.3 mm/rev | （半径） | | |
| 1-2 | 内径荒加工 | | φ45 | φ25ボーリングバー | | G96 S120 | F0.25 | 5.0 mm | | |
| | | | | コーティング超硬 | T0202 | 120 m/min | 0.25 mm/rev | （半径） | | |
| 1-3 | 端面・外径仕上げ加工 | | φ70 | 仕上げ用片刃バイト | | G96 S200 | F0.15 | 0.2 mm | | |
| | | | | サーメット | T0303 | 200 m/min | 0.15 mm/rev | （半径） | | |
| 1-4 | 内径仕上げ加工 | | φ45 | φ25ボーリングバー | | G96 S200 | F0.15 | 0.2 mm | | |
| | | | | サーメット | T0404 | 200 m/min | 0.15 mm/rev | （半径） | | |
| 2-1 | 端面・外径荒加工 | | φ60 | 荒削り用片刃バイト | | G96 S120 | F0.3 | 2.0 mm | | |
| | | | | コーティング超硬 | T0101 | 120 m/min | 0.3 mm/rev | （半径） | | |
| 2-2 | 内径荒加工 | | φ35 | φ25ボーリングバー | | G96 S120 | F0.25 | 2.0 mm | | |
| | | | | コーティング超硬 | T0202 | 120 m/min | 0.25 mm/rev | （半径） | | |
| 2-3 | 端面・外径仕上げ加工 | | φ60 | 仕上げ用片刃バイト | | G96 S200 | F0.15 | 0.2 mm | | |
| | | | | サーメット | T0303 | 200 m/min | 0.15 mm/rev | （半径） | | |
| 2-4 | 内径仕上げ加工 | | φ35 | φ25ボーリングバー | | G96 S200 | F0.15 | 0.2 mm | | |
| | | | | サーメット | T0404 | 200 m/min | 0.15 mm/rev | （半径） | | |
| 2-5 | 外径溝入れ加工 | | 幅4 mm | 刀幅3 mm外径溝入れバイト | | G96 S100 | F0.1 | ✓ | | |
| | | | | サーメット | T0505 | 100 m/min | 0.1 mm/rev | ✓ | | |
| 2-6 | 外径ねじ切り加工 | | M60×2 | ねじ切りバイト | | G97 S630 | F2.0 | ✓ | | |
| | | | | サーメット | T0606 | 120 m/min | リード2 mm | ✓ | | |

－ 125 －

第4章　NC旋盤加工実習

| 部品名 | テストピース |
| --- | --- |
| 工程名 | 第1工程　端面・外径荒加工 |

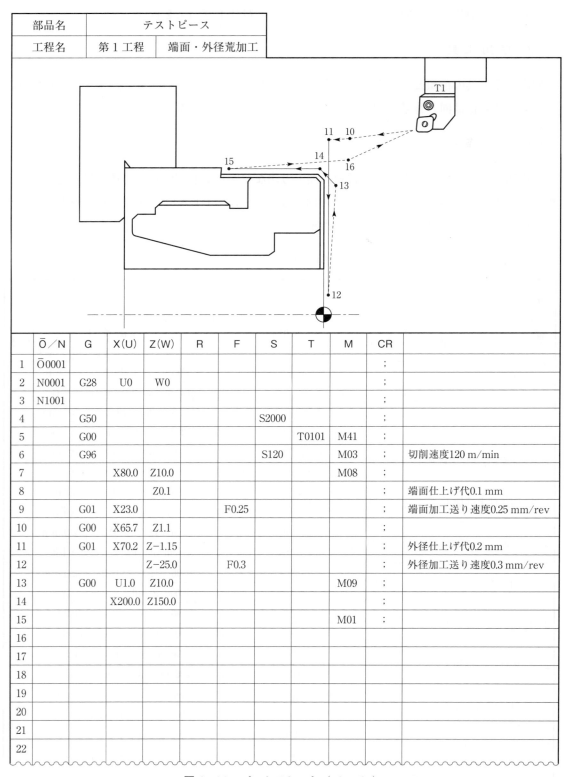

| | Ō/N | G | X(U) | Z(W) | R | F | S | T | M | CR | |
| --- | --- | --- | --- | --- | --- | --- | --- | --- | --- | --- | --- |
| 1 | Ō0001 | | | | | | | | | ; | |
| 2 | N0001 | G28 | U0 | W0 | | | | | | ; | |
| 3 | N1001 | | | | | | | | | ; | |
| 4 | | G50 | | | | | S2000 | | | ; | |
| 5 | | G00 | | | | | | T0101 | M41 | ; | |
| 6 | | G96 | | | | | S120 | | M03 | ; | 切削速度120 m/min |
| 7 | | | X80.0 | Z10.0 | | | | | M08 | ; | |
| 8 | | | | Z0.1 | | | | | | ; | 端面仕上げ代0.1 mm |
| 9 | | G01 | X23.0 | | | F0.25 | | | | ; | 端面加工送り速度0.25 mm/rev |
| 10 | | G00 | X65.7 | Z1.1 | | | | | | ; | |
| 11 | | G01 | X70.2 | Z-1.15 | | | | | | ; | 外径仕上げ代0.2 mm |
| 12 | | | | Z-25.0 | | F0.3 | | | | ; | 外径加工送り速度0.3 mm/rev |
| 13 | | G00 | U1.0 | Z10.0 | | | | | M09 | ; | |
| 14 | | | X200.0 | Z150.0 | | | | | | ; | |
| 15 | | | | | | | | | M01 | ; | |
| 16 | | | | | | | | | | | |
| 17 | | | | | | | | | | | |
| 18 | | | | | | | | | | | |
| 19 | | | | | | | | | | | |
| 20 | | | | | | | | | | | |
| 21 | | | | | | | | | | | |
| 22 | | | | | | | | | | | |

図4-11　プロセスシート（1-1）

第2節　プログラムの作成（機外での作業）

| | 部品名 | | テストピース | | | | | | |
|---|---|---|---|---|---|---|---|---|---|
| | 工程名 | 第1工程 | 内径荒加工 | | | | | | |

| | Ō／N | G | X(U) | Z(W) | R | F | S | T | M | CR | |
|---|---|---|---|---|---|---|---|---|---|---|---|
| 1 | N1002 | | | | | | | | | ; | |
| 2 | | G50 | | | | | S2000 | | (M41) | ; | |
| 3 | | G00 | | | | | | T0202 | | ; | |
| 4 | | G96 | | | | | S120 | | M03 | ; | 切削速度120 m/min |
| 5 | | | X32.0 | Z10.0 | | | | | M08 | ; | |
| 6 | | | | Z1.0 | | | | | | ; | |
| 7 | | G01 | | Z−44.0 | | F0.25 | | | | ; | 荒加工送り速度0.25 mm/rev |
| 8 | | G00 | U−1.0 | Z1.0 | | | | | | ; | |
| 9 | | | X36.0 | | | | | | | ; | |
| 10 | | G01 | | Z−9.9 | | | | | | ; | |
| 11 | | G00 | U−1.0 | Z1.0 | | | | | | ; | |
| 12 | | | X40.0 | | | | | | | ; | |
| 13 | | G01 | | Z−9.9 | | | | | | ; | |
| 14 | | G00 | U−1.0 | Z1.1 | | | | | | ; | |
| 15 | | | X49.35 | | | | | | | ; | |
| 16 | | G01 | X44.85 | Z−1.15 | | | | | | ; | |
| 17 | | | | Z−9.9 | | | | | | ; | |
| 18 | | | X37.3 | | | | | | | ; | |
| 19 | | | X31.8 | Z−12.65 | | | | | | ; | |
| 20 | | G00 | U−1.0 | Z10.0 | | | | | M09 | ; | |
| 21 | | | X200.0 | Z100.0 | | | | | | ; | |
| 22 | | | | | | | | | M01 | ; | |

図4−12　プロセスシート（1−2）

— 127 —

第4章　NC旋盤加工実習

| | 部品名 | | テストピース | | | | | | |
| 工程名 | 第1工程 | 端面・外径仕上げ加工 | | | | | | | |

| | Ō／N | G | X(U) | Z(W) | R | F | S | T | M | CR | |
|---|---|---|---|---|---|---|---|---|---|---|---|
| 1 | N1003 | | | | | | | | | ; | |
| 2 | | G50 | | | | | S2000 | | | ; | |
| 3 | | G00 | | | | | | T0303 | (M42) | ; | |
| 4 | | G96 | | | | | S200 | | M03 | ; | 切削速度200 m/min |
| 5 | | | X72.0 | Z10.0 | | | | | M08 | ; | |
| 6 | | | | Z0 | | | | | | ; | |
| 7 | | G01 | X44.0 | | | F0.15 | | | | ; | 仕上げ加工送り速度0.15 mm/rev |
| 8 | | G00 | X65.5 | Z1.0 | | | | | | ; | |
| 9 | | G01 | X70.0 | Z−1.25 | | | | | | ; | |
| 10 | | | | Z−24.0 | | | | | | ; | |
| 11 | | G00 | U1.0 | Z10.0 | | | | | M09 | ; | |
| 12 | | | X200.0 | Z150.0 | | | | | | ; | |
| 13 | | | | | | | | | M01 | ; | |
| 14 | | | | | | | | | | | |
| 15 | | | | | | | | | | | |
| 16 | | | | | | | | | | | |
| 17 | | | | | | | | | | | |
| 18 | | | | | | | | | | | |
| 19 | | | | | | | | | | | |
| 20 | | | | | | | | | | | |
| 21 | | | | | | | | | | | |
| 22 | | | | | | | | | | | |

図4-13　プロセスシート（1-3）

－128－

第2節　プログラムの作成（機外での作業）

| | 部品名 | | テストピース | | | | | | | |
|---|---|---|---|---|---|---|---|---|---|---|
| | 工程名 | 第1工程 | 内径仕上げ加工 | | | | | | | |

| | Ō／N | G | X(U) | Z(W) | R | F | S | T | M | CR | |
|---|---|---|---|---|---|---|---|---|---|---|---|
| 1 | N1004 | | | | | | | | | : | |
| 2 | | G50 | | | | | S2000 | | | : | |
| 3 | | G00 | | | | | | T0404 | (M42) | : | |
| 4 | | G96 | | | | | S200 | | M03 | : | 切削速度200 m/min |
| 5 | | | X49.55 | Z10.0 | | | | | M08 | : | |
| 6 | | | | Z1.0 | | | | | | : | |
| 7 | | G01 | X45.05 | Z−1.25 | | F0.15 | | | | : | 仕上げ加工送り速度0.15 mm/rev |
| 8 | | | | Z−10.0 | | | | | | : | |
| 9 | | | X37.5 | | | | | | | : | |
| 10 | | | X32.0 | Z−12.75 | | | | | | : | |
| 11 | | G00 | U−1.0 | Z10.0 | | | | | M09 | : | |
| 12 | | | X200.0 | Z100.0 | | | | | M05 | : | |
| 13 | | | | | | | | | M30 | : | 第1工程エンドオブデータ |
| 14 | | | | | | | | | | | |
| 15 | | | | | | | | | | | |
| 16 | | | | | | | | | | | |
| 17 | | | | | | | | | | | |
| 18 | | | | | | | | | | | |
| 19 | | | | | | | | | | | |
| 20 | | | | | | | | | | | |
| 21 | | | | | | | | | | | |
| 22 | | | | | | | | | | | |

図4−14　プロセスシート（1−4）

第4章　NC旋盤加工実習

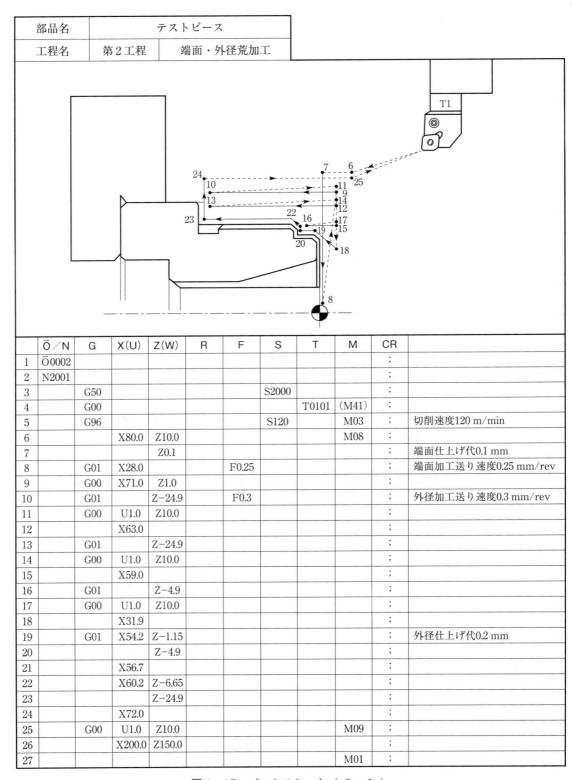

図4-15　プロセスシート（2-1）

| | Ō／N | G | X(U) | Z(W) | R | F | S | T | M | CR | |
|---|---|---|---|---|---|---|---|---|---|---|---|
| 1 | N2002 | | | | | | | | | ; | |
| 2 | | G50 | | | | | S2000 | | | ; | |
| 3 | | G00 | | | | | | T0202 | (M42) | ; | |
| 4 | | G96 | | | | | S120 | | M03 | ; | 切削速度120 m/min |
| 5 | | | X36.0 | Z10.0 | | | | | M08 | ; | |
| 6 | | | | Z1.0 | | | | | | ; | |
| 7 | | G01 | | Z−14.6 | | F0.25 | | | | ; | 荒加工送り速度0.25 mm/rev |
| 8 | | G00 | U−1.0 | Z1.0 | | | | | | ; | |
| 9 | | | X40.0 | | | | | | | ; | |
| 10 | | G01 | | Z−7.2 | | | | | | ; | |
| 11 | | G00 | U−1.0 | Z1.0 | | | | | | ; | |
| 12 | | | X47.669 | | | | | | | ; | |
| 13 | | G01 | | Z0.1 | | | | | | ; | |
| 14 | | G02 | X43.033 | Z−1.679 | R2.4 | | | | | ; | |
| 15 | | G01 | X34.8 | Z−17.042 | | | | | | ; | |
| 16 | | | | Z−32.0 | | | | | | ; | |
| 17 | | G00 | U−1.0 | Z10.0 | | | | | M09 | ; | |
| 18 | | | X200.0 | Z100.0 | | | | | | ; | |
| 19 | | | | | | | | | M01 | ; | |
| 20 | | | | | | | | | | | |
| 21 | | | | | | | | | | | |
| 22 | | | | | | | | | | | |

図4−16　プロセスシート（2−2）

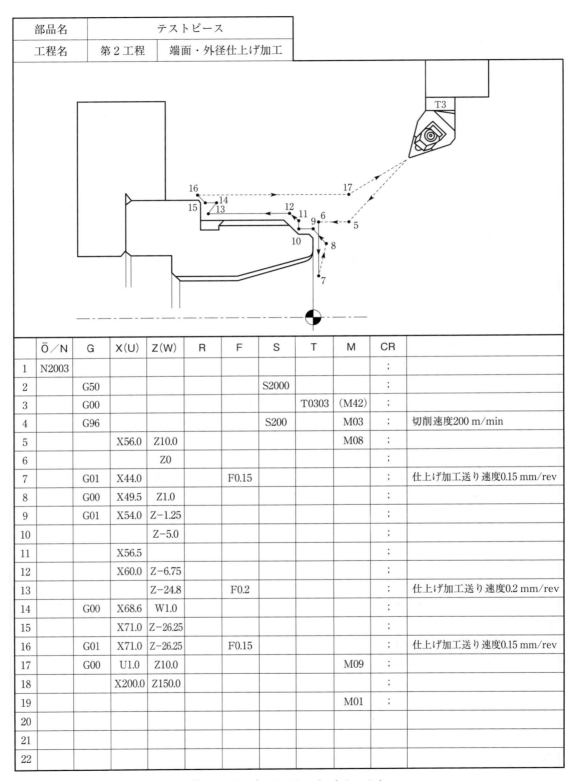

図4-17 プロセスシート（2-3）

第2節　プログラムの作成（機外での作業）

| 部品名 | | テストピース | |
|---|---|---|---|
| 工程名 | 第2工程 | 内径仕上げ加工 | |

| | Ō/N | G | X(U) | Z(W) | R | F | S | T | M | CR | |
|---|---|---|---|---|---|---|---|---|---|---|---|
| 1 | N2004 | | | | | | | | | ; | |
| 2 | | G50 | | | | | S2000 | | | ; | |
| 3 | | G00 | | | | | | T0404 | （M42） | ; | |
| 4 | | G96 | | | | | S200 | | M03 | ; | 切削速度200 m/min |
| 5 | | | X47.869 | Z10.0 | | | | | M08 | ; | |
| 6 | | | | Z1.0 | | | | | | ; | |
| 7 | | G01 | | Z0 | | F0.15 | | | | ; | 仕上げ加工送り速度0.15 mm/rev |
| 8 | | G02 | X43.233 | Z-1.799 | R2.4 | F0.07 | | | | ; | 仕上げ加工送り速度0.07 mm/rev |
| 9 | | G01 | X35.0 | Z-17.142 | | | | | | ; | |
| 10 | | | | Z-32.0 | | F0.1 | | | | ; | 仕上げ加工送り速度0.1 mm/rev |
| 11 | | G00 | U-1.0 | Z10.0 | | | | | M09 | ; | |
| 12 | | | X200.0 | Z100.0 | | | | | | ; | |
| 13 | | | | | | | | | M01 | ; | |
| 14 | | | | | | | | | | | |
| 15 | | | | | | | | | | | |
| 16 | | | | | | | | | | | |
| 17 | | | | | | | | | | | |
| 18 | | | | | | | | | | | |
| 19 | | | | | | | | | | | |
| 20 | | | | | | | | | | | |
| 21 | | | | | | | | | | | |
| 22 | | | | | | | | | | | |

図4-18　プロセスシート（2-4）

第4章　NC旋盤加工実習

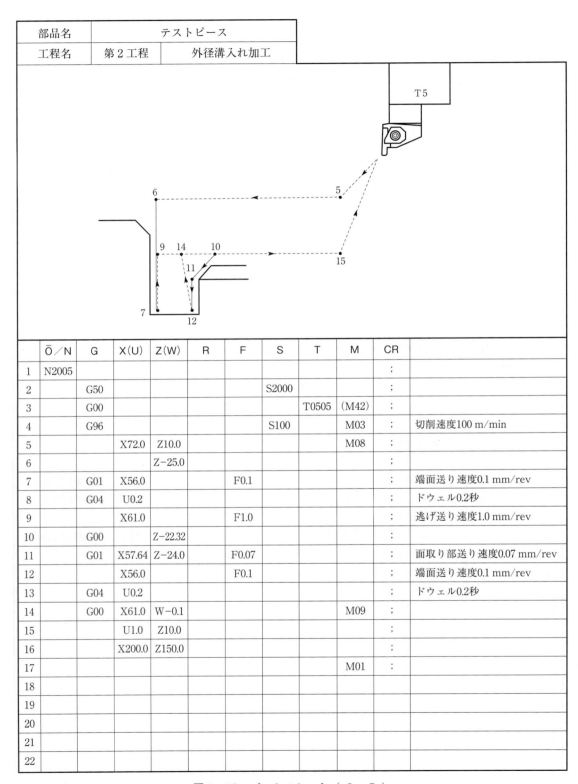

| | Ō/N | G | X(U) | Z(W) | R | F | S | T | M | CR | |
|---|---|---|---|---|---|---|---|---|---|---|---|
| 1 | N2005 | | | | | | | | | ; | |
| 2 | | G50 | | | | | S2000 | | | ; | |
| 3 | | G00 | | | | | | T0505 | (M42) | ; | |
| 4 | | G96 | | | | | S100 | | M03 | ; | 切削速度100 m/min |
| 5 | | | X72.0 | Z10.0 | | | | | M08 | ; | |
| 6 | | | | Z-25.0 | | | | | | ; | |
| 7 | | G01 | X56.0 | | | F0.1 | | | | ; | 端面送り速度0.1 mm/rev |
| 8 | | G04 | U0.2 | | | | | | | ; | ドウェル0.2秒 |
| 9 | | | X61.0 | | | F1.0 | | | | ; | 逃げ送り速度1.0 mm/rev |
| 10 | | G00 | | Z-22.32 | | | | | | ; | |
| 11 | | G01 | X57.64 | Z-24.0 | | F0.07 | | | | ; | 面取り部送り速度0.07 mm/rev |
| 12 | | | X56.0 | | | F0.1 | | | | ; | 端面送り速度0.1 mm/rev |
| 13 | | G04 | U0.2 | | | | | | | ; | ドウェル0.2秒 |
| 14 | | G00 | X61.0 | W-0.1 | | | | | M09 | ; | |
| 15 | | | U1.0 | Z10.0 | | | | | | ; | |
| 16 | | | X200.0 | Z150.0 | | | | | | ; | |
| 17 | | | | | | | | | M01 | ; | |
| 18 | | | | | | | | | | | |
| 19 | | | | | | | | | | | |
| 20 | | | | | | | | | | | |
| 21 | | | | | | | | | | | |
| 22 | | | | | | | | | | | |

図4-19　プロセスシート（2-5）

## 第2節 プログラムの作成（機外での作業）

| 部品名 | | テストピース | |
|---|---|---|---|
| 工程名 | 第2工程 | 外径ねじ切り加工 | |

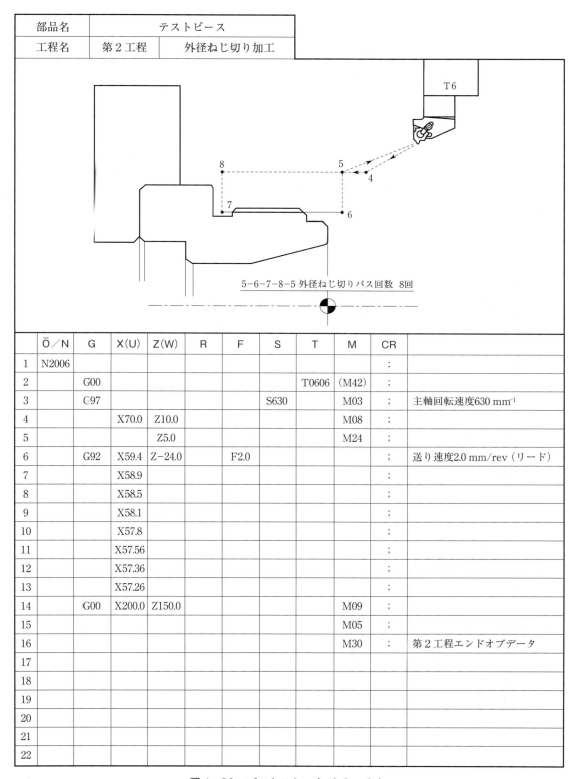

5-6-7-8-5 外径ねじ切りパス回数 8回

| | Ō／N | G | X(U) | Z(W) | R | F | S | T | M | CR | |
|---|---|---|---|---|---|---|---|---|---|---|---|
| 1 | N2006 | | | | | | | | | ; | |
| 2 | | G00 | | | | | | T0606 | (M42) | ; | |
| 3 | | G97 | | | | | S630 | | M03 | ; | 主軸回転速度630 mm$^{-1}$ |
| 4 | | | X70.0 | Z10.0 | | | | | M08 | ; | |
| 5 | | | | Z5.0 | | | | | M24 | ; | |
| 6 | | G92 | X59.4 | Z-24.0 | | F2.0 | | | | ; | 送り速度2.0 mm/rev（リード） |
| 7 | | | X58.9 | | | | | | | ; | |
| 8 | | | X58.5 | | | | | | | ; | |
| 9 | | | X58.1 | | | | | | | ; | |
| 10 | | | X57.8 | | | | | | | ; | |
| 11 | | | X57.56 | | | | | | | ; | |
| 12 | | | X57.36 | | | | | | | ; | |
| 13 | | | X57.26 | | | | | | | ; | |
| 14 | | G00 | X200.0 | Z150.0 | | | | | M09 | ; | |
| 15 | | | | | | | | | M05 | ; | |
| 16 | | | | | | | | | M30 | ; | 第2工程エンドオブデータ |
| 17 | | | | | | | | | | | |
| 18 | | | | | | | | | | | |
| 19 | | | | | | | | | | | |
| 20 | | | | | | | | | | | |
| 21 | | | | | | | | | | | |
| 22 | | | | | | | | | | | |

図4-20 プロセスシート（2-6）

# 第3節　NC旋盤操作（機上での作業）

## 3.1　操作盤の各部の名称と機能

操作盤は，機械操作盤とNC操作盤から構成されている。図4－21を例として，各操作盤の各部名称と機能について説明する。

### （1）機械操作盤

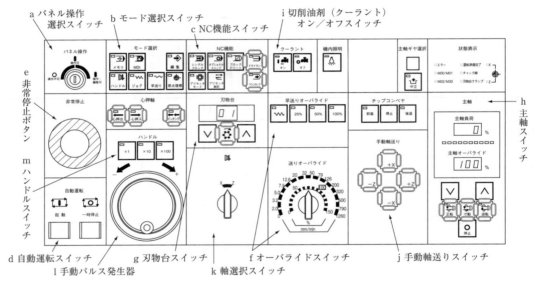

図4－21　機械操作盤の一例

#### a　パネル操作選択スイッチ

パネル操作選択スイッチは，手動操作やプログラム編集操作の有効・無効を選択するスイッチである。スイッチの位置で三つの状態を選択できる。

① 【操作不可】

　　キースイッチで【操作不可】の位置を選択すると，機械操作盤上のスイッチの切り替えが無効になる。自動運転時，誤操作しないために使用する。

② 【操作可】

　　キースイッチで【操作可】の位置を選択すると，機械操作盤上のすべてのスイッチが有効になる。

③ 【操作・編集可】

　　キースイッチで【操作・編集可】の位置を選択すると，機械操作盤上のすべてのスイッチ

が有効になるとともに，プログラムの編集操作もできる。

**b　モード選択スイッチ**

モード選択スイッチは，機械操作を行う上ですべての基本になるスイッチである。

機械操作を行うとき，まずモード選択スイッチでどの操作を行うか選択する。

① 【メモリ】メモリ運転モード

　メモリ運転モードを選択すると，メモリに登録されているプログラムを呼び出し，実行できる。

② 【MDI】MDI運転モード

　MDI運転モードを選択すると，プログラムをキー入力しながら，機械操作ができる。

③ 【編集】編集モード

　編集モードを選択すると，プログラムのメモリへの保存，プログラムの編集あるいは外部入出力機器への出力ができる。

④ 【ハンドル】ハンドルモード

　ハンドルモードを選択すると，軸選択スイッチで選択された軸及びハンドルスイッチの設定送り速度で，手動パルス発生器のハンドルの回転速度に応じて軸移動ができる。

⑤ 【ジョグ】ジョグモード

　ジョグモードを選択すると，手動軸送りスイッチを押している間，ジョグ送りオーバライドスイッチで設定した速度で，軸移動ができる。

⑥ 【早送り】早送りモード

　早送りモードを選択すると，手動軸送りスイッチを押している間，早送りオーバライドスイッチで設定した速度で軸移動ができる。

⑦ 【原点復帰】原点復帰モード

　原点復帰モードを選択すると，手動軸送りスイッチを押している間，早送りオーバライドスイッチで設定した速度で選択軸が機械原点へ移動する。

**c　NC機能スイッチ**

NC機能スイッチはプログラムを確認しながら，プログラムを運転するときに使用する。

① 【シングルブロック】シングルブロックスイッチ

　シングルブロックスイッチを有効にすると，プログラムを1ブロックずつ順番に実行できる。自動運転時のテスト加工するときに使用する。

② 【オプショナルストップ】オプショナルストップスイッチ

　オプショナルストップスイッチが有効状態では，プログラムのM01を実行すると自動運転を一時停止する。自動運転時のテスト加工するときに使用する。

③ 【ブロックデリート】ブロックデリートスイッチ

　ブロックデリートスイッチを有効にすると，プログラム中の"／"（スラッシュ）が先頭

第4章　NC旋盤加工実習

に付いたブロックを読み飛ばし，次ブロックを実行する。この機能をブロックデリート機能
という。

④　【ドライラン】ドライランスイッチ

　ドライランが有効状態では，プログラム指令された送り速度が無視され，送りオーバライ
ドスイッチで設定された速度で軸移動する。

⑤　【マシンロック】マシンロックスイッチ

　マシンロック有効状態で，自動運転を実行すると軸が移動せず，ディスプレイ上で移動指
令や各種状態を把握できる。

**d　自動運転スイッチ**

①　【起動】起動スイッチ

　起動スイッチは，自動運転を起動させるためのスイッチである。

②　【一時停止】一時停止スイッチ

　一時停止スイッチは，自動運転中に一時的に軸移動を停止させるスイッチである。

**e　非常停止ボタン**

非常停止ボタンは，機械操作や自動運転実行中に非常事態が発生したときに，機械を停止さ
せるボタンである。このボタンを押すとNC側のサーボ電源が遮断され，運転準備未完了状態
になる。電源再投入はこのボタンをリセット解除してから行う。

**f　オーバライドスイッチ**

オーバライドとは，プログラムで設定した速度を速くしたり，遅くしたりする機能で，テス
ト加工時のチェックや最適な切削条件を求める際に使用する。オーバライド機能を適用するこ
とを「オーバライドをかける」という。

①　早送りオーバライドスイッチ

　早送りオーバライドスイッチは，低速から100％まで段階的に，G00で指令された早送り
速度を切り替えることができる。

②　送りオーバライドスイッチ

　送りオーバーライドスイッチは，プログラムで指令している送り速度に，オーバライドを
かける場合に使用する。低速から段階的に送り速度を変更するができる。

**g　刃物台スイッチ**

刃物台スイッチは，刃物台を割り出すスイッチで，工具の取り付け，取り外しを行う場合に
使用する。

**h　主軸スイッチ**

主軸スイッチは，主軸の起動，停止を行うスイッチである。主軸オーバライドの数値を変更
することで，主軸回転速度を切り替えることができる。

①　正転：正転スイッチを押すと，主軸端側から見て時計方向（右回転）に回転する。

— 138 —

第3節　NC旋盤操作（機上での作業）

② 逆転：逆転スイッチを押すと，主軸端側から見て反時計方向（左回転）に回転する。
③ 停止：停止スイッチを押すと，回転している主軸が停止する。

i　切削油剤（クーラント）オン/オフスイッチ

切削油剤オン/オフスイッチは，切削油剤の吐出（オン）・停止（オフ）を手動で行うスイッチである。

j　手動軸送りスイッチ

手動軸送りスイッチは，ジョグ送り，早送り，原点復帰操作時に，送りたい軸と移動方向を選択し，軸移動を行う。

k　軸選択スイッチ

軸選択スイッチは，ハンドル送り操作を行うとき，送りたい軸を選択するときに使用する。

l　手動パルス発生器

手動パルス発生器は，ハンドル操作を行うときに使用し，軸選択スイッチで移動軸を選択し，送り量はハンドルスイッチ（×1・×10・×100）で倍率設定する。

m　ハンドルスイッチ

ハンドルスイッチは，手動パルス発生器の1目盛りの送り量を選択する。設定は以下のようになっている。

　　×1　：0.001mm（機械の最小設定単位）
　　×10　：0.01mm
　　×100　：0.1mm

### （2）NC操作盤

図4-22のNC操作盤を例として，各部の名称と機能を説明する。

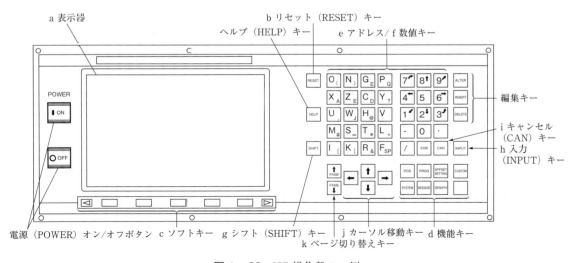

図4-22　NC操作盤の一例

― 139 ―

第4章　NC旋盤加工実習

### a　表示器

表示器は，液晶ディスプレイと呼ばれ，NCプログラムや数値データを表示する装置をいう。

### b　リセット（RESET）キー

リセットキーは，アラームの解除など，NC装置をリセット（再設定）するキーである。

### c　ソフトキー

ソフトキーは，液晶ディスプレイの最下段に表示されているNC機能を選択するキーである。

### d　機能メニューキー

機能メニューキーは，ソフトキーを機能選択キーの状態にするキーである。

### e　アドレスキー

アドレスキーは，英文字や記号を入力するキーである。

### f　数値キー

数値キーは，正負の符号や数値を入力するキーである。

### g　シフトキー

シフトキーは，キートップに印された他のアドレスに切り替えを行うキーである。シフトキーを押すとアドレスキーの右下の文字を入力することができる。

### h　入力（INPUT）キー

入力キーは，アドレスキーや数値キーで選択した英文字，記号，数値などをNC装置に入力するキーである。

### i　キャンセル（CAN）キー

キャンセルキーは，カーソル直前にあるアドレスや数値をキャンセル（取り消し）するキーである。

### j　カーソル移動キー

カーソル移動キーは，カーソルを矢印方向に移動させるキーである。

### k　ページ切り替えキー

ページ切り替えキーは，液晶ディスプレイに表示されている画面を"↓"（順方向）"↑"（逆方向）にページ単位で切り替えるキーである。

## 3.2　プログラム入力，編集

前節で作成したプログラムを，NC装置に登録させる方法と，NC装置に登録されたプログラムの編集（変更・挿入・削除），外部入出力機器に出力する方法について説明する。

### （1）プログラムの登録

プログラムを登録する方法には，パソコンなどの外部入出力機器から登録する方法と，NC

― 140 ―

操作盤から直接キー入力して登録する方法がある。どちらの方法で登録する場合でも，NC装置のメモリプロテクトを解除する必要がある。

　a　プログラム登録の前準備

　機械操作盤を編集可にし，モード選択スイッチを「編集」モードにする。

　b　外部入出力機器から登録する方法

　操作盤にあるRS232C，USBポート，メモリカードスロットなどのインタフェースを使用して，外部入出力機器を接続する。

　プログラムの読込み可能な状態にNC装置を設定し，外部入出力機器を使用して，プログラムをNC装置に読み込ませる。

　c　NC操作盤からキー入力して登録する方法

　機械操作盤の運転モード選択スイッチを編集モードにする。

　次にNC操作盤のアドレスキー及び数値キーを使って，プログラムシートに記載されたプログラムを順番にキー入力する。図4-23にプログラム登録画面を示す。この画面で，キー入力されたプログラムは，いったんキー入力バッファに入る。キー入力バッファに入っているプログラムは，編集キー「INSERT」を押すことによって，NC装置のメモリに保存される。

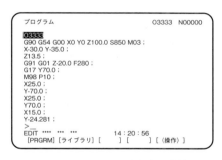

図4-23　プログラムの登録・編集画面

（2）プログラムの編集

　NC装置に登録されているプログラムの変更，挿入，削除を行う方法について説明する。プログラムの編集操作は，編集モードにおいてプログラム登録編集画面に編集したいプログラムを呼び出し，次のような編集作業を行う。

　a　変　　　更

　編集キーの「ALTER」キーを押すことにより，カーソルの位置にあるワードを，新たにキー入力したワードに変更する。変更するワードは1ワードでも複数のワードでもよい。

　b　挿　　　入

　編集キーの「INSERT」キーを押すことにより，カーソルの位置にあるワードの次に，新たにキー入力したワードを挿入する。挿入するワードは1ワードでも複数のワードでもよい。

### c 削　　除

編集キーの「DELETE」キーを押すことにより，カーソルの位置にあるワード，又はカーソルのある位置から指定したワードまでを削除する。

### （3）プログラムの削除

NC装置のプログラムの保存容量には限りがあり，不要になったプログラム又は外部入出力機器へ出力したプログラムを削除しなければ，新たなプログラムを保存できない。プログラムを削除する方法には，登録されているすべてのプログラムを削除する方法と，任意の一つのプログラムを削除する方法がある。その他，制御装置の違いにより，液晶ディスプレイに表示されているプログラムの削除や，指定する範囲のプログラム番号のプログラムの削除ができる。

### （4）プログラムの出力

NC装置に登録されているプログラムの中で，繰り返し加工する可能性のあるプログラムなどを外部入出力機器に出力する。NC装置に登録できるプログラム数や容量には制限があり，登録されたプログラムはいつ削除されてもよいように，USBメモリーフラッシュなどに出力して保管しておく必要がある。このように保管したデータのことをバックアップと呼び，その作業を行うことを「バックアップをとる」という。

プログラムの出力方法には，登録されているすべてのプログラムの出力，液晶ディスプレイに表示されているプログラムの出力，指定したプログラムの出力がある。図4－24に登録されたプログラムを確認するためのプログラム一覧画面を示す。

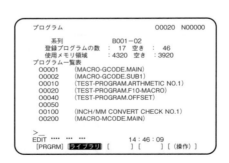

図4－24　プログラム一覧画面

## 3.3　ツールセッティング

ツールセッティングとは，あらかじめ加工計画において作成したツーリングシートを基に，工具を準備し，刃物台に工具を取り付ける作業をいう。工具を取り付ける際に行う作業及び注意点について説明する。

## 第3節　NC旋盤操作（機上での作業）

### (1) 準　　備

ツーリングシートを基に使用する各種工具，ホルダを用意する。

### (2) 刃物台の割り出し

機械操作盤の刃物台割出しスイッチで，工具を取り付ける刃物台位置を割り出す。
刃物台の工具及びホルダ取付面を確認して清掃する。

### (3) ツールホルダの取り付け

使用する工具に合ったツールホルダを選択して，刃物台にホルダを取り付ける。

### (4) 工具の取り付け

工具先端は切れ刃があるため，手を切らないように注意しながら，工具をツールホルダに取り付ける。

工具の突出し量は，切削時の切削抵抗による工具のたわみからおこる刃先の逃げの回避，あるいはびびり防止のためにも，できるだけ短くする。また，刃物台旋回時の干渉に対しても注意する。

工具刃先高さは，回転中心に合わせる。スローアウェイ形の工具は，一度刃先高さを調整すれば，チップ交換時の刃先高さは，ほぼ一致する。ねじ切り工具及び溝入れ工具は，取付姿勢と角度に注意する。図4-25と図4-26に各種バイトの取付方法を示す。

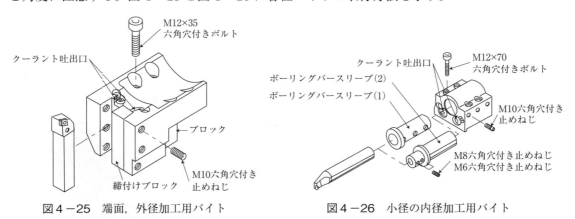

図4-25　端面，外径加工用バイト　　　図4-26　小径の内径加工用バイト

### (5) 工具取付けの再確認

すべてのツールホルダ及び工具を取り付けたら，ツーリングシートとの照合を行い，刃物台の工具取付番号とプロセスシートの工具番号が一致しているか再確認する。また，ホルダ及び工具の取付ボルト及びナットなどの締め付けの再確認を行う。図4-27に刃物台の工具を示す。

第4章　NC旋盤加工実習

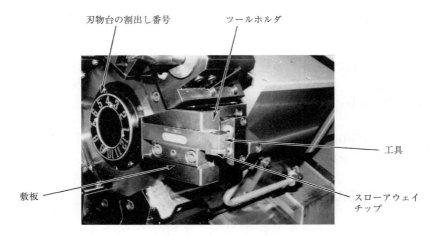

図4－27　刃物台の工具

## 3.4　ワークセッティング，生爪成形

　一般的に，工作物を把握するために油圧式チャックを使用している。ワークセッティングとは，チャックを介して主軸にワークを取り付ける作業をいう。

　ワークセッティングでは，チャックの爪を取り付け，工作物を的確に把握するために，チャッキング図を基に適切な形状に生爪を成形し，安全に工作物を加工するための把握力の調整が主な作業になる。本書では，最も標準的なワークセッティングとして，生爪の三つ爪チャックによる工作物の取付方法について説明する。

### （1）チャック爪の交換

　工作物の形状に合ったチャック爪を選択する。

　図4－28～図4－30にチャック爪の例を示す。図4－28は標準的なチャック生爪，図4－29は薄肉円筒形の工作物でチャック圧によるひずみを防止するためのチャック爪，図4－30は薄板形状の工作物を取り付けるためのチャック爪である。

　チャック爪取付面と生爪取付面，及びセレーションのきずやごみに注意して清掃する。図4－31のようにチャックに生爪を取り付ける際は，取付ボルトは規定トルクで締め付ける。また，チャック外周より生爪，Tナットが出ないようにする。

図4－28　標準的なチャック生爪

図4-29 工作物のひずみ防止のためのチャック爪

図4-30 薄板取付用のチャック爪

### (2) 生爪の成形

　生爪は，工作物の把握部の形状に応じて，爪部を加工できるようにしてあるチャック爪である。チャック圧を適切に調整し，工作物を確実に把握し，工作物の交換時の心出しを正確に行える。生爪の成形は次のように行う。

#### a　成形用リングを生爪で把握する

　図4-31のように，成形用リングとして厚み10mm程度の円筒リングを，工作物の形状に応じて選択できるように，小径から大径のものまで5mmおきに用意しておくとよい。

　図4-32のように，成形用リング径は，生爪のストローク（5～10mm）の範囲内で，工作物を把握できるようなサイズを選択する。成形リングを把握できるように，生爪を前加工する場合もある。

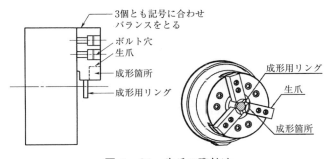

図4-31　生爪の取付け

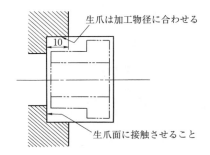

図4-32　生爪と加工物

#### b　生爪を成形する

　生爪を削るための内径加工用工具を刃物台に取り付け，その工具で生爪の工作物を把握する形状に加工する。生爪の振れ精度を高く確保する必要がある場合は，図4-33のように荒削り，仕上げ削りを行う。生爪に発生したかえりをやすりで除去し，適量な面取りを行う。また，図4-34のように，生爪の角部に逃げ（ぬすみ）加工を行う。

第4章　NC旋盤加工実習

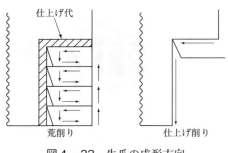
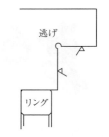

図4-33　生爪の成形方向　　　　　　図4-34　生爪の仕上げ形状

### (3) 工作物の取り付け

図4-35に示すように，成形用リングを外して，工作物を把握し，爪ストロークの中央で把握しているかをスケールで確認する（チャックメーカによってはストロークマークを刻印している場合がある）。

爪の振れ精度を確認する。工作物を取り付ける前には必ず，素材を確認し，寸法や形状が明らかに図面と一致しない場合は，加工せずに排除する。

工作物をチャッキングする際には，生爪の把握面の清掃を行い，図4-36のように，工作物の端面が生爪の基準面に確実に当たることを確認して，チャックで把握する。

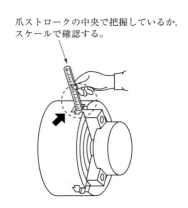
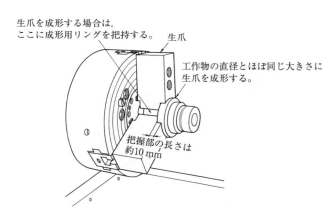

図4-35　工作物の把握確認　　　　　図4-36　工作物の取付例

## 3.5　工具座標系設定

プログラムは，加工原点を（X0，Z0）とした座標系の上で作成している。プログラムの指令どおりに工具を動かすには，刃物台の出発位置で各工具の刃先が，その座標系のどの位置にあるかをNC装置に設定する必要がある。

工具補正とは，あらかじめNC装置内に各工具の機械原点復帰位置での，刃先から加工原点までの距離を工具位置補正量として入力しておき，プログラム上のT指令を読み取った時点で，実際の刃先位置とプログラムされた刃先位置の差を補正する。図4-37に工具座標系設定について示す。

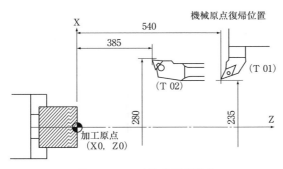

図4-37 工具座標系設定

## （1）工具形状補正による工具別座標系の設定

図4-38に示す工具補正機能の形状補正を使用し，制御装置に工作物の加工原点から機械原点復帰位置での各工具の刃先までの距離を設定する方法について以下に説明する。

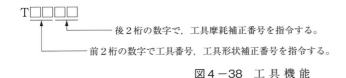

図4-38 工具機能

## （2）工具形状補正の入力

切削工具が機械原点にある状態で，その工具の刃先（指令点）から加工原点までの距離を工具形状補正量という。NC装置が工具形状補正量を読むことにより，加工原点が決められ，工具座標系が設定される。工具形状補正値を測定する前には，あらかじめ素材をチャッキングし，加工に使用する工具を刃物台に取り付ける。

## （3）設定操作

工作物を把握し，寸法を測定できるように外径，内径，及び端面の加工を行う。外径，内径寸法及び工作物の全長を測定する。刃物台に取り付けた工具を1本ずつ割り出し，それぞれの刃先を外径，内径，端面に当てる。図4-39に各工具を接触させる方法の例を示す。

図4-40に示すような工具形状補正画面を表示させ，カーソル移動キーを使用して，工具の補正番号に対応する工具形状補正量設定欄にカーソルを移動する。

第4章　NC旋盤加工実習

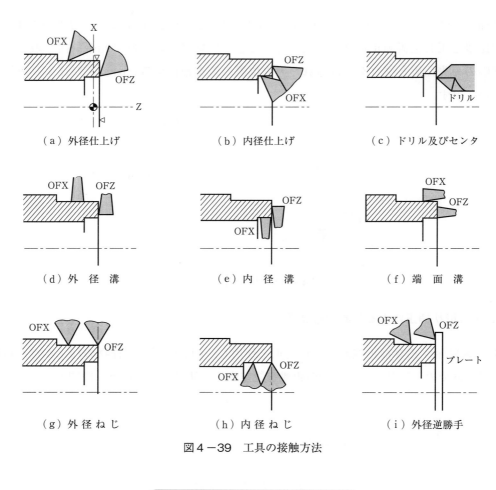

図4-39　工具の接触方法

図4-40　工具形状補正画面

### (4) X軸工具形状補正

工具の刃先が外径（あるいは小内径）に接触したとき，データ入力キー【X】【外径寸法】を押し，その後ソフトキー【測定】を押す。

工具形状補正位置Xに数値が入力され，工具座標系が設定される。

— 148 —

第3節　NC旋盤操作（機上での作業）

### （5）Ｚ軸工具形状補正

工具の刃先が端面に接触したとき，データ入力キー【Z】【0】を押し，その後ソフトキー
【測定】を押す。

工具形状補正Ｚに数値が入力され，工具座標系が設定される。

## ３.６　プログラムチェック

プログラムチェックは，プログラム内容や加工前に準備したことが，正確に動作するかどう
かを確認する作業である。プログラムチェックで不具合が見つかれば，プログラムの修正，あ
るいは加工前準備をやり直す。

プログラムチェックの方法には，マシンロック機能を使用する方法，ドライラン機能による
方法，図形チェックによる方法，エアカットによる方法などがある。本書では，エアカットに
よる方法について説明する。

### （1）確 認 事 項

　・工具経路に異常はないか確認する。
　・入力した補正値に大きな違いはないか確認する。
　・工具が爪と干渉しないか確認する。
　・工具移動中に他の工具が工作物やチャックなどと干渉しないか確認する。

### （2）操作盤上のスイッチの設定

　・早送りオーバライドを下げる。
　・送りオーバライドを100%にする。
　・シングルブロック機能を有効にする。
　・オプショナルスイッチ機能を有効にする。
　・クーラントをオフにする。
① 　ワークシフト機能を使用して，最大突出し工具が工作物に接触しない位置に加工原点を
　　移動する。図４−41に示すようなワーク座標系設定画面を表示し，ワークシフト量を番
　　号00（EXT）のＺに数値で入力する。この入力した数値は加工原点（Z0）をシフトした
　　量として，NC装置で判断される。
② 　図４−42に示すようなプログラムチェック画面を表示し，起動ボタンを押し，１ブロッ
　　クずつプログラムを確認する。残移動量や各G，M，S，T，Fの指令状態を確認するこ
　　とができる。

－ 149 －

各工具の早送りによるアプローチ点で機械を一時停止させて，刃先と加工原点（Z0）の距離を図4－43のようにスケールを使用して測定，確認する。

③　実行中にアラーム表示や動きに異常を感じたときは，直ちに一時停止スイッチを押して，機械を停止させる。アラーム内容を確認し，リセットボタンを押しバッファレジスタのデータをクリアする。

④　手動操作で刃物台を割り出しても干渉しない位置に移動させる。

⑤　プログラム編集で異常発生時のブロックを呼び出し，修正する。

⑥　再度，プログラムチェックを行うために，工程の先頭を呼び出し，確認作業を実行する。

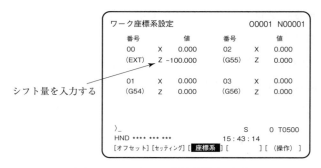

図4－41　ワーク座標系設定画面

図4－42　プログラムチェック画面　　　　図4－43　確認動作

## 3.7　テスト加工

テスト加工とは，試し削りのことで，工作物を工具で実際に切削しながら，プログラムや切削状態を確認しながら，最適な加工ができる切削条件と図面公差に入るように，補正値を修正することが目的である。

## （1）工具摩耗補正

工具形状補正で工具補正を行っても，実際に切削するとバイトや機械系の変形によって，加工寸法が変わってくるため，さらに工具摩耗補正で補正する。また，刃先の摩耗による寸法公差から外れることを防ぐためにも，工具摩耗補正を使用する。X軸方向の工具摩耗補正量は直径値で入力する。

主要な誤差は次の三つである。

① 刃先の摩耗による誤差
② スローアウェイチップの交換による取付け誤差
③ 機械の熱変位による刃先のズレ

図4-44に工具摩耗補正について示す。

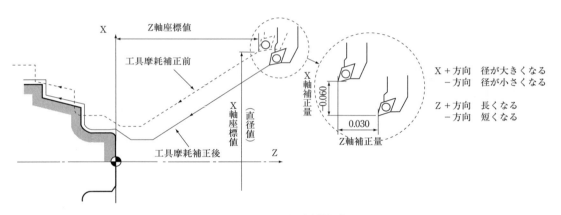

図4-44 工具摩耗補正

## （2）確認事項

・工作物を正しく把握できたか確認する。
・チャックの把握力を確認する。

## （3）操作盤上のスイッチの設定

・早送りオーバライドを100％にする。
・送りオーバライドを100％にする。
・シングルブロック機能を有効にする。
・オプショナルスイッチ機能を有効にする。
・クーラントをオフにする。

第4章　NC旋盤加工実習

① 工具摩耗補正機能を使用して，摩耗補正で工具の経路を外径は 0.2mm 大きく，内径は 0.2mm 小さくなるように補正量を入力する。図4-45 に示すような工具摩耗補正画面に，あらかじめ補正量を入力しておく。

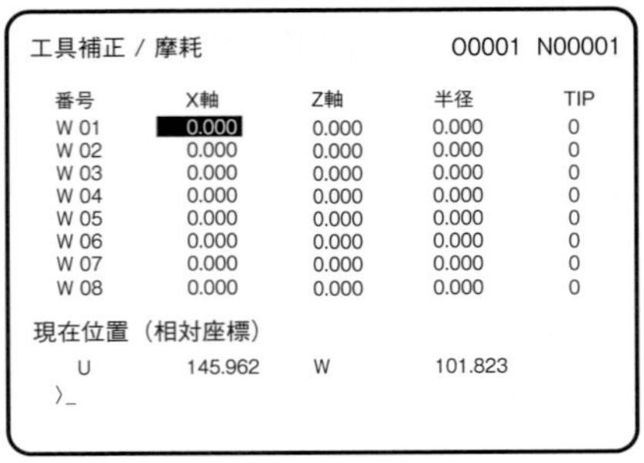

```
工具補正／摩耗                    O0001 N00001

番号      X軸        Z軸        半径       TIP
W 01     0.000      0.000      0.000       0
W 02     0.000      0.000      0.000       0
W 03     0.000      0.000      0.000       0
W 04     0.000      0.000      0.000       0
W 05     0.000      0.000      0.000       0
W 06     0.000      0.000      0.000       0
W 07     0.000      0.000      0.000       0
W 08     0.000      0.000      0.000       0

現在位置（相対座標）
   U      145.962    W        101.823
  〉_
```

図4-45　工具摩耗補正画面

② 起動ボタンを押して，加工を開始し，前ドアの窓から加工状況を確認し，切りくずの出方，切削音を確認しながら順次起動ボタンを押す。

③ 加工中に異常を感じたら，一時停止ボタンあるいは非常停止ボタンを押す。

④ 各工程の加工が終わると，オプショナルストップで加工が停止する。

　　主軸が停止しているのを確認し，加工箇所の寸法を測定する。

　　図面寸法や取り代を考慮した寸法と測定した寸法の差を，工具摩耗補正量（インクレメンタル値）として入力する。

　　所定の寸法に収まらないときは，再度，同じ工具のシーケンス番号をサーチして加工する。

　この操作を繰り返し，工作物を図面寸法に加工する（加工途中では工作物を取り外さないようにする。完成品を加工できるまで機上での測定を行う）。

・シングルブロック停止で次ブロックの確認をする。

・切りくずのせん断状況や排出状況を確認する。

・送り速度は適切か，オーバライド機能を使用して最適な送りを得る。

・切削速度は適切か，オーバライド機能を使用して最適な切削速度を得る。

## 3.8 自動運転

　自動運転では，プログラムを連続実行させて，製品加工を行う。これまで説明した作業が不具合なく，正しく動作することを確認して，初めて自動運転開始の起動スイッチを押せる。自動運転では，加工時間の確認を行い，所定の加工時間内に加工できたか，工具寿命は適切かなど，最適な加工が行われているかを検証をする。

第3節　NC旋盤操作（機上での作業）

製品確認としては，図面の要求精度（寸法精度，幾何公差，表面粗さ）を満たしているかを確認する。また，加工時間や工具寿命，切削油剤のかかり具合や，切りくずの排出も確認する。

## （1）自動運転前の確認作業

各種油量の確認：自動運転に入る前に作動油，潤滑油，切削油剤の油量点検を実施する。油量レベルゲージを確認し，不足時には補給する。

工具刃先の点検：加工に入る前には，必ず工具の刃先（チップ）を点検する。切刃の摩耗状況，稜線部分のチッピング，亀裂が発生していないか確認し，不具合を発見したら，すぐにチップを交換する。

## （2）操作盤上のスイッチの設定

- 早送りオーバライドを100%にする。
- 送りオーバライドを100%にする。
- シングルブロック機能を無効にする。
- オプショナルスイッチ機能を無効にする。
- クーラントをオンにする。

## （3）自動運転の起動

- 機械操作盤のモード選択スイッチで自動運転モードを選択する。
- NC装置操作盤で実行したいプログラムを呼び出し，自動運転起動スイッチを押す。

## （4）自動運転の停止

自動運転は次の方法で停止できる。

### a　M00（プログラムストップ）指令

M00が指令されているブロックを実行すると，自動運転は停止する。モーダルな情報はすべて保存されているので，自動運転起動スイッチを再度押すことにより，自動運転を継続できる。

### b　M01（オプショナルストップ）指令

機械操作盤のオプショナルスイッチをオンにして，M01が指令されているブロックを実行すると，自動運転が停止する。オプショナルスイッチがオフのときは，M01のブロックが無視され，自動運転は継続される。自動運転の再開はM00の場合と同じである。

### c　M02（エンドオブプログラム）又はM30（エンドオブデータ）指令

M02又はM30が指令されたブロックを実行すると，プログラムのリワインド（プログラム

第4章　NC旋盤加工実習

の先頭へ戻る）を行った後，自動運転を停止する。機械はリセット状態になり，モーダルな情報は消えて，自動運転の初期状態に戻る。機械の仕様によっては，M02ではプログラムのリワインドを行わない場合もある。

### d　一時停止スイッチ

機械操作盤の一時停止スイッチを押すと，送りが止まり，自動運転が停止する。ただし，1ブロック毎にプログラムが実行されていくため，M05のブロックを実行しない限り，主軸は回転したままである。この状態で自動運転起動スイッチを押すと，自動運転が再開される。

### e　リセット信号による機械停止

操作盤のリセットスイッチを押した場合，あるいは機械のリミットスイッチにより，外部リセット信号がNC装置に入った場合など，機械はリセット状態になり，自動運転は停止する。リセット信号で停止したときは，モーダルな情報が消えてしまうため，そのまま自動運転を再開できない。

### f　非常停止ボタン

非常停止ボタンを押すと，直ちにすべての動作が停止し，電源が遮断される。

# 第4章のまとめ

1．運転モードの種類をあげなさい。

（　　　　　　　　　　　　）（　　　　　　　　　　　　　　　）（　　　　　　　　　　　　　　）

2．次のNC機能について述べなさい。

a．シングルブロック：

b．オプショナルストップ：

c．ブロックデリート：

d．ドライラン：

e．マシンロック：

3．次に示す作業名に伴う作業項目をあげなさい。

a．プログラミング：

（　　　　　　　　　　）（　　　　　　　　　　　　）
（　　　　　　　　　　）（　　　　　　　　　　　　）

b．ツールセッティング：

（　　　　　　　　　　）（　　　　　　　　　　　）
（　　　　　　　　　　）（　　　　　　　　　　　）

c．ワークセッティング：

（　　　　　　　　　　）（　　　　　　　　　　　）
（　　　　　　　　　　）（　　　　　　　　　　　）

d．プログラムチェック：

（　　　　　　　　　　）（　　　　　　　　　　　）
（　　　　　　　　　　）（　　　　　　　　　　　）

e．自動運転：

（　　　　　　　　　　）（　　　　　　　　　　　）（　　　　　　　　　　）

— 155 —

まとめ・応用例の解答

# 第1章のまとめの解答

1．主軸頭，チャックとチャック装置，刃物台，往復台，油圧装置，操作盤，スプラッシュ
　ガード，心押台，NC 装置など


2．a．（タレット形）比較的大形の工具が使用できる。

　　　（ドラム形）コンパクトでありながら多数の工具を取り付けることができる。

　　　（くし刃形）刃物台の動作範囲が小さくてすみ，機械の小形化が図れる。

　　b．（水平形）長い軸物加工に適している。

　　　（スラント形）切りくずの排出性がよい。

　　　（ラムスライド形）大きな作業空間をとれるが，心押作業はできない。


3．a．機械加工で生じた切りくずを機外へ排出する装置。

　　b．主軸後部から長い棒材を自動供給する装置。長時間連続運転ができる。

　　c．一定量に切断した材料を自動搬入搬出する装置。長時間連続運転ができる。

　　d．チャックの爪を自動交換する装置。ロボット仕様の NC 旋盤で，多種類の工作物を加
　　　工するときに有効である。

　　e．あらかじめ設定した時間や，加工数によって設定した数値に達すると，自動的に機械
　　　の電源を遮断する装置。夜間の無人運転に使用される。

## 第２章のまとめの解答

1.

図2-54 ① （G00 X44.0 Z2.0 ）　　　　② （X80.0 Z40.0;）

図2-55 ① （G01 X50.4 Z－50.0 F0.25;）② （G01 U10.8 W－52.0 F0.25;）

図2-56 ① （G00 X0 Z10.0;）　　　② （G01 Z－32.0 F0.25;）　　③ （G00 Z10.0;）
　　　　④ （X100.0 Z50.0;）

図2-57 ① （G00 X30.0 Z2.0;）　　② （G01 Z－20.0 F0.25;）　　③ （X40.0;）
　　　　④ （X50.0 Z－50.0;）　　⑤ （X64.0;）
　　　　⑥ （G00 X110.0 Z40.0;）


2.

〔アブソリュート指令〕　　　　　　　　〔インクレメンタル指令〕

① G00 X40.0 Z6.0;　　　　　　　　① G00 U－160.0 W－144.0;

② G01 Z－30.0 F0.25;　　　　　　② G01 W－36.0 F0.25;

③ X50.0　　　　　　　　　　　　③ U10.0;

④ X60.0 Z－70.0;　　　　　　　　④ U10.0 W－40.0;

⑤ X90.0;　　　　　　　　　　　⑤ U30.0;

⑥ G00 X200.0 Z150.0;　　　　　　⑥ G00 U110.0 W220.0;


3.

図2-59 ① （G03 X70.0 Z－15.0 K－15.0 F0.25;）　② （G03 X70.0 Z－15.0 R15.0 F0.25;）

図2-60 ① （G02 X50.0 Z－11.0 I11.0 F0.25;）　② （G02 X50.0 Z－11.0 R11.0 F0.25;）

図2-61 ① （G03 X70.0 Z－10.0 K－10.0 F0.25;）　② （G02 X100.0 Z－25.0 I15.0 F0.25;）

図2-62 ① （G02 Z－51.314 I11.314 K－11.314 F0.25;）
　　　　② （G02 Z－51.314 R16.0 F0.25;）

図2-63 ① （G00 X40.0 Z2.0;）② （G01 Z－10.0 F0.25;）　③ （G02 X60.0 Z－20.0 R10.0;）
　　　　④ （G01 Z－42.0;）　⑤ （G00 X80.0 Z30.0;）


4.

〔I・K指令〕　　　　　　　　　　　　〔R指令〕

① G00 X14.0 Z6.0;　　　　　　　　① G00 X14.0 Z6.0;

② G01 Z0 F0.25;　　　　　　　　② G01 Z0 F0.25;

③ X30.0;　　　　　　　　　　　③ X30.0;

まとめ・応用例の解答

④ G03 X40.0 Z－5.0 K－5.0;

⑤ G01 Z－20.0;

⑥ X60.0 Z－30.0;

⑦ G02 X81.214 Z－34.393 I10.607 K10.607;

⑧ G01 X110.0;

⑨ G00 X200.0 Z50.0;

④ G03 X40.0 Z－5.0 R5.0;

⑤ G01 Z－20.0;

⑥ X60.0 Z－30.0;

⑦ G02 X81.214 Z－34.393 R15.0;

⑧ G01 X110.0;

⑨ G00 X200.0 Z50.0;

5.

② 工具を自動原点復帰

③ 主軸最高回転速度（3000min$^{-1}$）に指定

⑤ 工具の割出し（T0101）

⑥ 周速一定制御（150m/min），主軸正転

⑦ 工具出発点への位置決め，クーラントオン

⑧ X16.0 Z5.0 位置決め

⑨ Z0（端面）まで送り速度 0.15mm/rev で直線補間

⑩ X40.0 Z0 まで端面切削

⑪ Z－20.0 まで外径切削

⑫ X64.0 まで端面切削（X60.0 まで端面切削＋半径寸法 2mm×2）

⑬ 工具出発点に工具を戻す

6.

① $\bar{O}$0002;

② N4;

③ G50 S2000;

④ T0404;

⑤ G96 S180 M03;

⑥ G00 X240.0 Z150.0 M08;

⑦ X21.0 Z5.0;

⑧ G01 Z0 F0.15;

⑨ X54.0;

⑩ X60.0 Z－2.0;

⑪ Z－12.0;

⑫ X72.0 Z－32.0;

⑬ Z－47.0;

⑭　G02 X82.0 Z−52.0 R5.0;

⑮　G01 X92.0;

⑯　X102.0 Z−57.0;

⑰　G00 X240.0 Z150.0 M09;

⑱　M01;

まとめ・応用例の解答

## 第3章のまとめの解答

1.

  ③　M03　　④　G00，X26.0，Z2.0　　⑤　G42G01，Z0　　⑥　X56.0

  ⑦　X60.0，Z−2.0　　⑧　Z−12.0　　⑨　G02，X80.0，Z−22.0　　⑩　G01，X90.0

  ⑪　X96.0，Z−25.0　　⑫　G40G00

2.

  ④　G41G00，X50.93，Z2.0　　⑤　G01，X36.0，Z−30.0　　⑥　X20.0，W5.0（Z−25.0）

  ⑦　G42，Z−30.0　　⑧　G01，X36.0　　⑨　G40G00，Z2.0

3.

  ①　G71（外径・内径荒削りサイクル）

  ②　G72（端面荒削りサイクル）

  ③　G73（閉ループ切削サイクル）

  ④　G70（仕上げサイクル）

  ⑤　G74（端面突切りサイクル）

  ⑥　G75（外径・内径突切りサイクル）

  ⑦　G76（複合形ねじ切りサイクル）

4．繰り返し現れるパターンのプログラムをサブとする。その他の指令値をメインとし，メインからサブを何度も呼び出して実行させることができる。

　　メインプログラムの終わりにはM30，サブプログラムの終わりにはM99を記述しているため区別ができる。

## 第3章　2.2　応用例の解答

表3−3（p.101）

| ①（G96）S120 | ②F0.3 | ③4.0mm | ④120m/min | ⑤0.3mm/rev | ⑥半径 |
|---|---|---|---|---|---|
| ⑦（G96）S180 | ⑧F0.1 | ⑨0.15mm | ⑩180m/min | ⑪0.1mm/rev | ⑫半径 |
| ⑬（G96）S180 | ⑭F0.2 | ⑮0.2mm | ⑯180m/min | ⑰0.2mm/rev | ⑱半径 |

図3−72（p.104）

  a②　　b③　　c④　　d⑤　　e⑥　　f⑦　　g⑧　　h⑨　　i⑩

図3−73（p.105）

  a②　　b⑪　　c⑬　　d⑮　　e⑯

まとめ・応用例の解答

図3 −74 （p.106）

 a ②  b ⑥  c ⑤  d ⑦

図3 −75 （p.107）

 a ②  b ③  c ⑦  d ⑩  e ⑫

図3 −76 （p.108）

 ① T0101  ② 2110  ③ 2120  ④ G01  ⑤ R5.0  ⑥ G00  ⑦ M01

図3 −78 （p.110）

 ① G96  ② T0500  ③ M03  ④ G00   ⑤ T0505  ⑥ M08  ⑦ G01

 ⑧ G00  ⑨ G70  ⑩ G00  ⑪ T0500  ⑫ M01

図3 −79 （p.111）

 ① X49.4  ② Z−12.0  ③ F1.5  ④ X48.9  ⑤ X48.5  ⑥ X48.2  ⑦ X48.0

 ⑧ X47.9

— 161 —

まとめ・応用例の解答

# 第4章のまとめの解答

1．メモリ運転，MDI運転，テープ運転


2．a．シングルブロック有効時，プログラムを1ブロックずつ実行させることができる。

b．オプショナルストップ有効時，プログラム中のM01を実行すると，自動運転を一時停止することができる。

c．オプショナルブロックスキップ機能とも呼ばれ，ブロックデリート機能有効時，プログラム中の"／"（スラッシュ）が先頭に付いたブロックが無視される。

d．ドライラン機能有効時，プログラムで指定している送り速度を無視し，手動で送り速度を設定できる。

e．マシンロック機能有効時，機械をロックしたままプログラムの実行を行うことができる。


3．a．プロセスシートの作成，プログラムの登録，プログラムの編集，プログラムの出力

b．ツールホルダの取り付け，工具の取り付け，工具形状補正の設定，工具摩耗補正の設定

c．チャックの取り付け，チャック爪の交換，生爪の成形，工作物の取り付け

d．マシンロック機能を使用する方法，ドライラン機能による方法，図形チェックによる方法，エアカットによる方法

e．起動，一時停止，非常停止

規格等一覧

## ○参考規格一覧

■日本産業規格（発行元　一般財団法人日本規格協会）

1．JIS B 0105：2012「工作機械−名称に関する用語」

2．JIS B 0106：2016「工作機械−部品及び工作方法−用語」

3．JIS B 0107：1991「バイト用語」

4．JIS B 0170：1993「切削工具用語（基本）」

5．JIS B 0171：2014「ドリル用語」

6．JIS B 0172：1993「フライス用語」

7．JIS B 0181：1998「産業オートメーションシステム−機械の数値制御−用語」

8．JIS B 4120：2013「刃先交換チップの呼び記号の付け方」

9．JIS B 4125：2016「刃先交換チップ用ホルダ−角シャンク及びカートリッジの呼び記号の付け方」

10．JIS B 6310：2003「産業オートメーションシステム−機械及び装置の制御−座標系及び運動の記号」

11．JIS B 6315 − 2：2003「機械の数値制御−プログラムフォーマット及びアドレスワードの定義−第2部：準備機能G及び補助機能Mのコード」

（　）内の数字は本教科書の該当ページ

## ○引用・参考文献等

1．『京セラ切削工具総合カタログ2017 − 2018』京セラ株式会社

2．『FANUC　NCガイド』ファナック株式会社（46）

## ○協力企業等（五十音順・企業名等は執筆当時のものです）

オークマ株式会社（図1 − 1，図1 − 3，図1 − 4，図1 − 6，図1 − 12，図1 − 14）

株式会社滝澤鉄工所（図1 − 5）

株式会社ツガミ（図1 − 10）

ファナック株式会社（図2 − 23）

# 索　引

## [数字・アルファベット]

AJC ································ 32
ATC ································ 33
EOB ································ 38
F機能 ······························ 50
G機能 ······························ 47
M機能 ······························ 53
NC機能スイッチ ···················· 137
NC旋盤 ···························· 7
NC装置 ···························· 21
NC立て旋盤 ························ 14
S機能 ······························ 49
T機能 ······························ 54

## [あ]

脚 ································ 17
アドレス ···························· 38
アドレスの種類 ······················ 40
アブソリュート指令 ·················· 44
安全銘板 ···························· 119

## [い]

位置決め ···························· 56
一時停止スイッチ ···················· 154
インクレメンタル指令 ················ 44

## [え]

エアカット ·························· 41
円弧補間 ···························· 58
エンドオブデータ ·············· 46, 153

エンドオブプログラム ·········· 46, 153
エンドオブブロック ·················· 38

## [お]

往復台 ························ 11, 19
オートローダ ························ 30
オーバライドスイッチ ················ 138
送り一時停止 ························ 62
送りオーバライド ···················· 59
送り機能 ···························· 50
送り駆動機構 ························ 21
送り速度 ···························· 57
オプショナルストップ ················ 153
オプショナルブロックスキップ ········ 99

## [か]

外径・内径荒削りサイクル ············ 87
外径・内径切削サイクル ·············· 80
外径・内径突切りサイクル ············ 94
外径加工 ···························· 8
回転速度制限 ························ 50
回転速度直接指令 ···················· 49
加工工程 ···························· 121
加工順序 ···························· 124
仮想刃先 ···························· 72
仮想刃先番号 ························ 75
カバー ······························ 17

## [き]

機械座標系 ·························· 41

索　引

### [く]

クーラント……………………………… 139

くし刃形…………………………………… 13

クランプ方式……………………………… 25

### [け]

原点復帰…………………………………… 60

### [こ]

工具機能…………………………………… 54

工具形状補正……………………………… 147

工具形状補正番号………………………… 54

工具座標系設定…………………………… 146

工具の取り付け…………………………… 143

工具摩耗補正……………………………… 54

工作物の取り付け………………………… 146

コーナ半径………………………………… 48

固定サイクル……………………………… 80

### [さ]

座標系……………………………………… 40

サブスピンドル形………………………… 11

サブプログラム…………………………… 97

### [し]

仕上げサイクル…………………………… 92

仕上げ面粗さ……………………………… 52

シーケンス番号……………………… 47，124

軸選択スイッチ…………………………… 139

自動運転…………………………………… 152

自動運転スイッチ………………………… 138

自動工具交換装置………………………… 33

自動爪交換装置…………………………… 32

自動電源遮断装置………………………… 33

周速一定制御指令………………………… 49

摺動面潤滑装置…………………………… 21

主軸………………………………………… 9

主軸機能…………………………………… 49

主軸スイッチ……………………………… 138

主軸台……………………………………… 18

主操作盤…………………………………… 21

主電動機…………………………………… 19

手動軸送りスイッチ……………………… 139

手動パルス発生器………………………… 139

準備機能…………………………………… 47

心押台………………………………… 14，20

### [す]

水平形……………………………………… 11

数値制御装置……………………………… 7

スタートアップのブロック……………… 76

ストレートねじ…………………………… 59

スラント形………………………………… 12

スローアウェイバイト…………………… 25

### [せ]

切削条件…………………………………… 125

切削油剤…………………………………… 139

セッティングゲージ……………………… 28

### [た]

ターニングセンタ………………………… 15

対向形……………………………………… 10

多重呼び出し……………………………… 98

タレット形………………………………… 12

単一形固定サイクル……………………… 80

端面荒削りサイクル……………………… 89

— 165 —

索　引

| | |
|---|---|
| 端面切削サイクル……………………… 83 | 生爪の成形………………………… 145 |
| 端面突切りサイクル…………………… 93 | |

**［ち］**

**［ね］**

| | |
|---|---|
| チップ……………………………… 25 | ねじ切り…………………………… 59 |
| チップコンベヤ…………………… 29 | ねじ切り加工……………………… 9 |
| チャッキング図…………………… 124 | ねじ切りサイクル………………… 84 |
| チャック装置……………………… 19 | ネスティング……………………… 98 |
| チャック爪の交換………………… 144 | |
| チャンファリング………………… 85 | **［の］** |
| 直線切削…………………………… 57 | |
| 直線補間…………………………… 57 | ノーズＲ…………………………… 48 |

**［つ］**

**［は］**

| | |
|---|---|
| ツーリングシステム……………… 23 | バーフィーダ……………………… 30 |
| ツールセッティング……………… 142 | 刃先Ｒ……………………… 48，72 |
| ツールホルダの取り付け………… 143 | 刃先Ｒ補正（左）………………… 74 |
| ツールレイアウト………………… 123 | 刃先Ｒ補正（右）………………… 74 |
| | 刃先Ｒ補正機能…………………… 72 |
| **［て］** | 刃先Ｒ補正キャンセル…………… 73 |
| | パネル操作選択スイッチ………… 136 |
| テーパ切削………………………… 57 | 刃物台……………………… 12，19 |
| テーパねじ………………………… 59 | 刃物台スイッチ…………………… 138 |
| テスト加工………………………… 150 | 刃物台の割り出し………………… 143 |
| | 反時計方向………………………… 58 |
| **［と］** | ハンドルスイッチ………………… 139 |

| | |
|---|---|
| ドウェル…………………………… 62 | **［ひ］** |
| 時計方向…………………………… 58 | |
| ドラム形…………………………… 13 | 非常停止ボタン…………… 118，138，154 |
| 取り代……………………………… 122 | |
| ドリル加工………………………… 9 | **［ふ］** |
| トレーリングゼロ………………… 38 | |
| | フォーマット詳細略記…………… 38 |
| **［な］** | 不完全ねじ………………………… 85 |
| | 複合形固定サイクル……………… 80，87 |
| 内径加工…………………………… 8 | 複合形ねじ切りサイクル………… 95 |
| | プログラマブルテールストック… 33 |

— 166 —

プログラム原点······················ 41
プログラムストップ··················· 153
プログラムチェック··············· 41, 149
プログラムの削除···················· 142
プログラムの出力···················· 142
プログラムの登録···················· 140
プログラムの編集···················· 141
プログラム番号······················ 46
プロセスシート······················ 124
ブロック··························· 38
ブロックデリート···················· 99

### [へ]

閉ループ切削サイクル················· 90
並列形····························· 10
ベッド····························· 17

### [ほ]

補助機能··························· 53
ホルダ····························· 25

### [ま]

毎回転送り························· 51
毎分送り··························· 51

### [み]

右手直交座標系····················· 40
溝入れ加工·························· 9
溝加工····························· 62

### [め]

メインプログラム···················· 97

### [も]

モーダル························ 56, 57
モード選択スイッチ··················· 137

### [ゆ]

油圧ユニット······················· 17

### [ら]

ラムスライド形····················· 12

### [り]

リーディングゼロ···················· 38
リセット信号······················· 154

### [ろ]

ロボット·························· 31

### [わ]

ワーク座標系······················· 41
ワーク自動計測装置··················· 29
ワークセッティング··················· 144
ワード··························· 38

委 員 一 覧

| 平成2年3月〈作成委員〉 | 高橋　弘隆 | 池貝鉄工株式会社 |
| | 宮本　健二 | 東京職業訓練短期大学校 |

| 平成9年3月〈改定委員〉 | 上坂　淳一 | 小山職業能力開発短期大学校 |
| | 佐藤　晃平 | 職業能力開発大学校 |
| | 高橋　弘隆 | 株式会社池貝 |
| | 宮本　健二 | 東京職業能力開発短期大学校 |

| 平成18年2月〈改定委員〉 | 岡村　　智 | 埼玉県立羽生高等技術専門校 |
| | 原田　久夫 | 株式会社森精機製作所 |

(委員名は五十音順，所属は執筆当時のものです)

職 業 訓 練 教 材

# NC工作機械［1］ NC旋盤

| | | 厚生労働省認定教材 | |
|---|---|---|---|
| 平成2年3月 | 初版発行 | 認定番号 | 第58785号 |
| 平成9年3月 | 改定初版1刷発行 | 認定年月日 | 昭和63年12月20日 |
| 平成12年3月 | 改定2版1刷発行 | 改定承認年月日 | 平成31年2月1日 |
| 平成18年2月 | 改定3版1刷発行 | 訓練の種類 | 普通職業訓練 |
| 平成31年3月 | 改定4版1刷発行 | 訓練課程名 | 普通課程 |
| 令和6年3月 | 改定4版6刷発行 | | |

編　集　　独立行政法人 高齢・障害・求職者雇用支援機構
　　　　　職業能力開発総合大学校 基盤整備センター

発行所　　一般社団法人 雇用問題研究会
　　　　　〒103-0002 東京都中央区日本橋馬喰町1-14-5 日本橋Kビル2階
　　　　　電話 03(5651)7071 (代表)　FAX 03(5651)7077
　　　　　URL　https://www.koyoerc.or.jp/

印刷所　　株式会社 ワイズ

151202-24-11

本書の内容を無断で複写，転載することは，著作権法上での例外を除き，禁じられています。
また，本書を代行業者等の第三者に依頼してスキャンやデジタル化することは，著作権法
上認められておりません。
なお，編者・発行者の許諾なくして，本教科書に関する自習書，解説書もしくはこれに類
するものの発行を禁じます。

ISBN978-4-87563-425-6